飛ぶ速さランキング

鳥の飛ぶ速さの計測にはさまざまな方法があり、ここでは、データロガーで計測された最高速度、飛行距離から割り出した平均速度をあわせて紹介します。また、急降下の速度は含んでいません。

ハリオアマツバメ ▶P.125
最高時速 130km

ハイガシラアホウドリ
平均時速 127km

ヨーロッパアマツバメ ▶P.8
最高時速 112km
（求愛飛行時）

カワラバト（伝書鳩） ▶P.112
最高時速 100km

鳥 なんでもランキング！

鳥たちはいろいろな能力や特ちょうをもっています。そのなかでもおもしろいものを紹介します。それぞれの鳥については、本編で、くわしい内容を楽しんでください。

大きい鳥ランキング

大きな鳥の多くは、走るのが速かったり泳ぐのが得意だったりと、飛ぶこと以外の特ちょうをもっています。

ダチョウ ▶P.13
275cm　156kg

ヒクイドリ ▶P.15
170cm　57kg

エミュー ▶P.15
190cm　55kg

高く飛ぶ鳥ランキング

アネハヅルとインドガンはヒマラヤ山脈を越えて渡りをする鳥です。また、マダラハゲワシは飛行機のジェットエンジンに巻き込まれた際の記録です。

マダラハゲワシ
1万1127m

アネハヅル ▶P.87
5000〜8000m

インドガン
6437m

エベレスト　8848m
＊エベレストは高さの目安で、その地域に生息していることを示すものではありません。

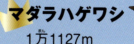

もくじ

講談社の動く図鑑 MOVE 鳥(とり)

- 鳥類とは … 4
- 恐竜から鳥へ … 6
- 鳥の分類 … 8
- この本の使い方 … 10
- さくいん … 193

●シギダチョウ目
- シギダチョウ科 … 12

●ダチョウ目
- ダチョウ科 … 13

●キーウィ目
- キーウィ科 … 14

●レア目
- レア科 … 14

●ヒクイドリ目
- ヒクイドリ科 … 15
- エミュー科 … 15

●キジ目
- キジ科（ライチョウのなかま）… 16
- キジ科（キジのなかま）… 18
- ツカツクリ科 … 20
- シチメンチョウ科 … 21

●カモ目
- カモ科（ガンのなかま）… 24
- カモ科（ハクチョウのなかま）… 26
- カモ科 … 28

●アビ目
- アビ科 … 34

●ペンギン目
- ペンギン科 … 36

●ミズナギドリ目
- アホウドリ科 … 40
- ミズナギドリ科 … 42
- ウミツバメ科 … 44

●カイツブリ目
- カイツブリ科 … 46

●フラミンゴ目
- フラミンゴ科 … 48

●ネッタイチョウ目
- ネッタイチョウ科 … 49

●コウノトリ目
- コウノトリ科 … 50

●ペリカン目
- トキ科 … 52
- サギ科 … 54
- シュモクドリ科 … 58
- ハシビロコウ科 … 59
- ペリカン科 … 60

●カツオドリ目
- カツオドリ科 … 64
- グンカンドリ科 … 65
- ヘビウ科 … 66
- ウ科 … 67

●タカ目
- ヘビクイワシ科 … 68
- ミサゴ科 … 69
- コンドル科 … 69
- タカ科 … 70

●ハヤブサ目
- ハヤブサ科 … 78

●ノガン目
- ノガン科 … 82

●クイナモドキ目
- クイナモドキ科 … 82

●ノガンモドキ目
- ノガンモドキ科 … 82

●ジャノメドリ目
- カグー科 … 83
- ジャノメドリ科 … 83

●ツル目
- クイナ科 … 84
- ツル科 … 86

●チドリ目
- ミフウズラ科 … 88
- イシチドリ科 … 88
- ミヤコドリ科 … 88
- レンカク科 … 89
- チドリ科 … 90
- シギ科 … 92
- タマシギ科 … 98
- セイタカシギ科 … 99
- ヒレアシシギ科 … 99
- ツバメチドリ科 … 99
- カモメ科（アジサシのなかま）… 102

カモメ科(カモメのなかま)……… 104
ウミスズメ科………………… 106
トウゾクカモメ科……………… 108

○サケイ目
サケイ科……………………… 110

○ハト目
ハト科………………………… 111

○インコ目
インコ科……………………… 113
フクロウオウム科……………… 114
オウム科……………………… 114

○ツメバケイ目
ツメバケイ科…………………… 115

○エボシドリ目
エボシドリ科…………………… 115

○カッコウ目
カッコウ科……………………… 116

○フクロウ目
フクロウ科……………………… 118
メンフクロウ科………………… 121

○ヨタカ目
ヨタカ科……………………… 122
タチヨタカ科…………………… 122
ガマグチヨタカ科……………… 123
アブラヨタカ科………………… 123

○アマツバメ目
ハチドリ科……………………… 124
アマツバメ科…………………… 125

○キヌバネドリ目
キヌバネドリ科………………… 126

○ネズミドリ目
ネズミドリ科…………………… 126

○オオブッポウソウ目
オオブッポウソウ科…………… 126

○ブッポウソウ目
ハチクイ科……………………… 128
ブッポウソウ科………………… 129
カワセミ科……………………… 130

○サイチョウ目
ヤツガシラ科…………………… 132
ジサイチョウ科………………… 132
サイチョウ科…………………… 133

○キツツキ目
オオハシ科……………………… 134
ミツオシエ科…………………… 135
キツツキ科……………………… 136

○スズメ目
コトドリ科……………………… 140
ヤイロチョウ科………………… 140
マイコドリ科…………………… 141
ニワシドリ科…………………… 142
オオハシモズ科………………… 143
サンショウクイ科……………… 143
モズ科………………………… 144
オウチュウ科…………………… 145
モズヒタキ科…………………… 145
カササギヒタキ科……………… 145
カラス科……………………… 146
フウチョウ科…………………… 152
レンジャク科…………………… 153
シジュウカラ科………………… 154
ツリスガラ科…………………… 155
ツバメ科……………………… 156
ヒバリ科……………………… 157
ヒヨドリ科……………………… 158

ウグイス科……………………… 158
エナガ科……………………… 159
ヨシキリ科……………………… 160
ムシクイ科……………………… 161
セッカ科……………………… 162
センニュウ科…………………… 163
ソウシチョウ科………………… 163
キクイタダキ科………………… 166
メジロ科……………………… 167
ミソサザイ科…………………… 167
ムクドリ科……………………… 168
ゴジュウカラ科………………… 169
キバシリ科……………………… 169
ツグミ科……………………… 170
ヒタキ科……………………… 172
スズメ科……………………… 176
ハタオリドリ科………………… 178
イワヒバリ科…………………… 179
カワガラス科…………………… 179
セキレイ科……………………… 180
アトリ科……………………… 182
ホオジロ科……………………… 185

Dr. カワカミのびっくり！コラム

鳥の体 ……………………… 22
鳥の感覚器官 ……………… 38
鳥の群れ …………………… 62
鳥の渡り …………………… 80
羽毛のひみつ ……………… 100
鳥の武器 …………………… 109
人間を利用する鳥 ………… 127
鳥の卵 ……………………… 138
ディスプレイ ……………… 150
生態系のなかの鳥 ………… 164
外国から日本に来た鳥 …… 188
絶滅した鳥 ………………… 190

鳥類とは

鳥類の最大の特ちょうは、
あたりまえのようだけど、空を飛ぶことだ。
空を飛ぶ動物は、昆虫やコウモリなどたくさんいるが、
高速で長い距離を飛べるのは、鳥のほかにはいない。
また、全身に羽毛が生えているのも鳥の大きな特ちょう。
現在、地球上にいる動物で羽毛があるのは鳥だけだ。
羽毛が生えたことにより、
寒さや暑さから身を守ることができ、空を飛べるようになった。
ほかにも鳥には、飛行に適した体の特ちょうがいくつもあり、
とにかく空を飛ぶためにできているといってもいい。
鳥類は、ほかの動物がまねできない飛行能力と
すぐれた性能をもつ羽毛を獲得したおかげで、
暑く乾燥した砂漠、極寒の北極や南極、
陸から何千キロもはなれた海の上、高い山など、
地球のすみからすみまでを利用することに成功した
すごい動物なのだ！

川上和人（森林総合研究所 主任研究員）

恐竜から鳥へ

鳥が、恐竜から進化して誕生したことは、みんな知っていますか？
恐竜と鳥の見ためはあまり似ていないけど、じつは、いろいろな共通点があります。たとえば、どちらもうろこでおおわれた皮ふをもち、骨格に叉骨があることなどです。また、鳥にしかないと思われていた羽毛が、中国で見つかった恐竜の化石から発見され、その後も羽毛のある恐竜が数多く見つかっています。こんなことから、現在見られる鳥が、恐竜の一部から進化したことは、ほぼまちがいないと考えられているのです。では、どのようにして恐竜から鳥に進化したのか見てみましょう。

恐竜から鳥への進化の図

最初に空を飛んだ脊椎動物は、翼竜です。しかし、これは鳥の祖先ではありません。その後、恐竜の一部が進化して鳥が誕生していったと考えられています。6600万年前には、多くの鳥類や恐竜も絶滅してしまいました。しかし、一部が生きのこって、現在の鳥へと進化していったのです。

◀羽毛が生えているシノサウロプテリクス。1億4500万年前から6600万年前までつづく白亜紀の前期に生息しました。

羽毛が生えた恐竜がいた

1996年に中国で、シノサウロプテリクスという羽毛が生えた恐竜が見つかりました。長い間、羽毛は鳥だけのものと思われてきましたが、この発見によって恐竜にもあることがわかったのです。それが、恐竜から鳥に進化したという説の、大きな証拠となったのでした。その後、シノサウロプテリクスと同じなかまの獣脚類で、つぎつぎと羽毛をもつ恐竜（羽毛恐竜）が発見されています。羽毛は、飛ぶためではなく、体の温度を一定に保つためや、求愛のディスプレイに使われたと考えられています。

空を飛んだ恐竜

白亜紀前期にいた恐竜ミクロラプトルは、空を飛ぶ恐竜です。ミクロラプトルの羽毛は、現在の鳥の風切羽のような形をしており、空を飛ぶために使われたと考えられています。そのほか、さまざまな羽毛恐竜が発見され、はじめは毛のような羽毛が、だんだんと現在の鳥の羽毛の形に進化してきたことがわかってきています。このようにして飛べる羽毛を獲得した恐竜の一部が、現在の鳥に進化していったと考えられています。

▶ミクロラプトルは、前あしと後ろあしの4か所に翼をもっていて、木の上からグライダーのように飛んでいたと考えられています。

原始的な鳥

2億130万年前から1億4500万年前までつづく、ジュラ紀の後期には、すでに鳥がいました。ドイツで発見された始祖鳥は、恐竜から進化した最初のころの鳥です。くちばしには歯があり、翼にはつめがあり、尾に骨があるなど、まだ恐竜の特ちょうをのこしています。また、白亜紀前期にいた原始的な鳥であるコンフキウソルニスは、くちばしに歯がなく、尾に骨がないなど、現在の鳥にちかい特ちょうがあります。しかし、これらの鳥は、現在の鳥の直接の祖先ではありません。

▼始祖鳥は、最近の研究では空を飛べたのではないかと考えられています。しかし、羽軸が細くて弱いので、翼はパラシュートの役目しかなかったという説もあります。

コンフキウソルニスは、翼を広げると70cmほどの大きさで、翼にはつめが生えています。

絶滅した恐鳥類

恐竜が絶滅したあと、鳥類は大繁栄をして、たくさんの種が生まれました。たとえば、恐鳥類とよばれるなかまは、まるで絶滅した肉食恐竜のように、ほ乳類を捕食し、生態系の頂点に君臨していました。しかし、これらの鳥もやがて絶滅してしまいました。その後も、地球環境の変化に合わせ、いろいろな鳥たちがあらわれたり、消えたりしながら、現在の鳥へと進化していったのです。

▼恐鳥類のガストルニス。

鳥の分類

現在、世界には約1万500種の鳥がいると考えられています。それらの鳥を種類別や、なかまごとに分けることを「分類」といいます。しかし、これはとてもむずかしいことです。研究者は、これまでもさまざまな方法で生きものの分類に挑戦してきました。そして、今も挑戦しつづけています。そのため、分類はつねにかわっていくのです。

分類の方法

古くから使われてきた分類法は、色や形などの外から見た姿で判断するというやりかたです。ところが、この方法だと生活のしかたが似ていると、まったく別のなかまなのに姿が似てしまうということがあり、分類にあやまりがおこります。そこで生活の方法があまり影響しない、骨格などの体の中の構造を見て判断する方法が考えだされました。ところが、この方法でもうまく分類できないことがあり、現在では遺伝子（DNA）を調べて、分類しています。

ツバメ（左）とヨーロッパアマツバメ（右）は、細長い翼やV字の尾羽など、とてもよく似ています。しかし、ツバメとヨーロッパアマツバメはまったく別のなかまです。どちらも空を飛ぶことに適した体のつくりになったため、姿がとても似てしまったのです。

以前の分類　1988年

Sibleyらの系統樹（1988）をもとに作図しました。コウノトリのなかま（赤い線）に多くの種がふくまれています。

分類はかわる

下の図は、系統樹というもので、鳥をなかまごとにまとめて木のようにえがいた図です。1988年に発表された系統樹と、2008年に発表された系統樹では、かなりのちがいがあります。どちらも遺伝子を分析する方法で分類したものですが、約20年のあいだに分析技術が進歩したため、変化しています。たとえば、1988年ではコウノトリのなかまとひとまとめにされていたものが、2008年にはちがうなかまに分けられています。また、スズメとオウムがちかい関係に変更され、ハヤブサはタカよりもオウムにちかいとされています。それ以外にも下の図を見くらべると、大きなちがいがあります。探してみてください。

ミヤマオウム（左）とハヤブサ（右）。オウムとハヤブサはちかいなかま。

現在の分類　2008年

Hackettらの系統樹（2008）をもとに作図しました。1988年の分類ではコウノトリのなかま（赤い線）だった種が、ちらばっています。

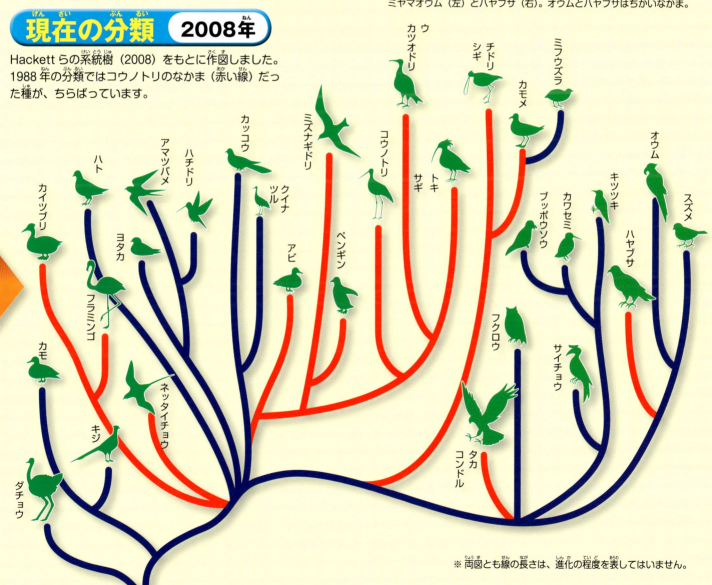

※両図とも線の長さは、進化の程度を表してはいません。

この本の使い方

この本では、世界中から集められた、およそ500種の鳥を紹介しています。この図鑑を使って、そんな鳥たちのおもしろさを見つけてみましょう。

目と科

特ちょうがよく似ている鳥のグループを「科」といいます。よく似ている科の集まりを「目」といいます。タンチョウの場合はツル目ツル科ということになります。鳥のグループ分けには、いろいろな意見がありますが、この本では国際鳥類学会議（IOC）の分類にもとづいています。

マークの見方

- 天然記念物……国や地域で保護するきまりになっている、めずらしい鳥です。
- 特別天然記念物……天然記念物のなかでも、とくに貴重な鳥です。
- 🇯🇵……日本で見ることができる鳥です。

Dr. カワカミのポイント！

監修者の川上和人先生が注目ポイントを教えてくれます。ここを読んでから、それぞれの鳥の解説を読めば、おもしろさは倍増です。

種名

たとえば、「タンチョウ」「クロヅル」のように、生きものの名前を「種」といいます。ここでは、日本でよく使われているよび名（和名）をのせています。同じ種でも別の場所にすんでいて、ちがった特ちょうがある場合を「亜種」といいます。

マメ知識

そのページに出ている鳥たちについて、さらにくわしく知ることができます。

ミニコラム

そのページに出ている鳥たちのふしぎな特ちょうや、知っておくとためになる話がのっています。

データの見方

■：**全長**
頭の先から、尾羽の先までの、おおよその大きさをのせています。とくにことわりがないかぎり、オスの大きさをのせています。

■：**食べ物**
おもに食べるものをのせています。書いてあるものは一部です。

■：**分布**
世界のどこにいるかをのせています。ただし、なかには長い距離を飛んで移動する鳥や、生息する場所がよくわかっていない鳥もいるので、大まかな表し方になっています。

この本に出てくる地域

鳥の分布の地域名を見るときには、以下の地図を参考にしてください。

よく出てくる言葉

●**繁殖地**
卵を産んで、ひなを育てる場所。
→くわしくは 80 ページ

●**越冬地**
冬をすごす場所。
→くわしくは 80 ページ

●**渡り**
鳥がすむ場所を移動すること。子育てをする場所と、冬をすごす場所をかえるためにおこなう。
→くわしくは 80 ページ

●**夏鳥**
春から夏にかけて、卵を産むために日本に来る鳥。
→くわしくは 81 ページ

●**冬鳥**
冬をすごすために日本にやってくる鳥。
→くわしくは 81 ページ

●**留鳥**
渡りをせずに、ずっと同じ場所にいる鳥。
→くわしくは 81 ページ

●**旅鳥**
渡りのとちゅうで日本に立ちよる鳥。
→くわしくは 81 ページ

シギダチョウ目
シギダチョウ科

Dr.カワカミのポイント！
シギダチョウは、いまだになぞの多い鳥である。ダチョウのように、古い時代からいる鳥たちは、すでに飛ぶことをやめてしまっている。しかし、古い鳥にもかかわらず、シギダチョウは飛ぶことができるんだ。見た目はキジのようなのに、系統としてはレア（→p14）に似ているという説もあるが、はっきりしたことがわかっていない。

カンムリシギダチョウ
南アメリカのアルゼンチンに広がる草原地帯にすんでいます。冬になると、100羽ほどの群れになることもあります。■37.5〜41cm ■種子や果実、昆虫 ■南アメリカ

アカバネシギダチョウ
南アメリカのブラジルやアルゼンチンなどの広い範囲にすんでいます。木がまばらに生えた乾燥した林や、草原でくらしています。■39〜43cm ■小動物 ■南アメリカ

タカネシギダチョウ
中央アメリカの高原や、南アメリカのアンデス山脈の高地に生息しています。光沢のある青い卵が特ちょうです。■35〜41cm ■種子や果実、小動物 ■中央アメリカ、南アメリカ

シロハラシギダチョウ
アマゾン川周辺の熱帯雨林と、乾燥した草原にすんでいます。■28〜31cm ■種子や果実、昆虫 ■南アメリカ

■体長 ■食べ物 ■分布

ダチョウ目
ダチョウ科

Dr.カワカミのポイント！ すべての鳥のチャンピオン、それがダチョウ！ 全長2m75㎝、体重156kgは鳥類最大。卵もいちばん大きくて重い。そして、2本のあしゆびで、最高時速70kmで走る。あしゆびが2本の鳥はダチョウしかいない。もうひとつの特ちょうは、眼球の大きさ。直径が約5㎝もあり、鳥類だけでなく陸生動物最大だ。

▲メスは褐色で、白い羽はありません。

ダチョウ
アフリカの乾燥した草原に生息します。オスの羽色は黒く、メスは褐色。オスのほうが体が大きいです。●オス 210～275㎝、メス 175～190㎝ ■種子や植物の葉 ■アフリカ

ゴンドワナ大陸の古い鳥
シギダチョウ目やダチョウ目、レア目、ヒクイドリ目、キーウィ目の鳥は、よく似ていますが、別々の大陸にくらしています。大昔、アフリカ大陸、オーストラリア大陸、南アメリカ大陸、南極大陸などは、ゴンドワナという1つの大きな大陸でした。ここに、この鳥たちの共通の祖先がすんでいたのですが、その後、大陸が分裂して移動したため、似た鳥がそれぞれの大陸で見られるようになったと考えられています。

▲鳥類でいちばん大きな卵。長さがおよそ18㎝あります。

▲あしゆびはふつう4本。2本の鳥はダチョウだけ。

マメ知識 江戸時代前期まで、日本人がダチョウといっていたのは、ヒクイドリのことでした。

キーウィ目
キーウィ科

Dr. カワカミのポイント！
キーウィのなかまは、いちばんかわった鳥かもしれない。翼はほとんどないし、尾羽はまったくない。昼間は茂みにかくれていて、夜になると森の中で食べ物を探す。目はとても小さくてあまり見えないが、嗅覚がとてもするどい。長いくちばしの先に鼻のあながあいていて、土の中にひそむミミズなどをにおいをたよりに探しだすことができる。

キーウィ目 キーウィ科 レア目 レア科 ヒクイドリ目 ヒクイドリ科 エミュー科

キーウィ
キーウィのなかまのなかで、もっとも広い地域にすんでいます。土の中の生物が少なくなる冬は、果実も食べます。■50～56㎝ ■小動物、果実 ■ニュージーランド

オオマダラキーウィ
ニュージーランド南島のごくせまい範囲にしか生息していません。土の中のミミズをつかまえます。■50～60㎝ ■小動物 ■ニュージーランド

レア
南アメリカの乾燥した草原に、最大50羽ほどの群れになってすんでいます。水はあまり飲まなくても生きていけます。■127～140㎝ ■種子や植物の葉、昆虫 ■南アメリカ

レア目
レア科

Dr. カワカミのポイント！
レアは大きな翼をもっているのに飛ぶことができない。でも、翼を敵をたたく武器としても利用するところがかっこいい！ 首とあしが長くダチョウに似ているが、ずっと小さい。頭と首にも羽毛が生えている点や、あしゆびが3本なのも、ダチョウとはちがう。

■体長 ■食べ物 ■分布

ヒクイドリ目
ヒクイドリ科

Dr. カワカミのポイント!

ヒクイドリ科の特ちょうは、なんといっても青や赤、黄色の派手な色の顔！頭に皮ふがかたくなった「かぶと」のようなものがあり、ジャングルに分け入るときに使う。ヒクイドリのおもな食べ物は果実で、食べた果実の種はふんとまじって出される。そこから、新しい芽が出てくるのである。

ヒクイドリ
のどに赤くたれ下がった部分があり、まるで火を食べたようなので、この名前がついたといわれています。
■130〜170cm ■果実、小動物 ■オーストラリア北部

ヒクイドリ目
エミュー科

Dr. カワカミのポイント!

オーストラリアにすむ飛べない鳥がエミュー。乾燥地帯に生息していて、よく水を飲む。そのため、水を求めてかなりの距離を移動する。泳ぎも得意だという。19世紀初頭まで、クロエミューやカンガルートウエミューという別種が、オーストラリア南部の島々にいたが、絶滅してしまった。

エミュー
こい緑色の卵を5〜15個ほど産みます。卵は時間がたつと黒くなります。卵をだくのはオスの仕事です。■150〜190cm ■種子や果実、小動物 ■オーストラリア

キジ目
キジ科 ライチョウのなかま

Dr.カワカミのポイント！ ライチョウのなかまの見どころは、オスの求愛ダンス！ なかには何十羽も1か所に集まって奇妙なダンスをおどるものもいるんだ。ライチョウのなかまは、寒いところにすんでいるものが多い。そのため、あしの先まで羽毛におおわれている種類もいる。日本では高山の鳥のイメージだが、世界を見わたすと、森にすむもの、草原にすむものなど、いろいろなライチョウがいる。

キジ目 キジ科（ライチョウのなかま）

◀のどをふくらませ、求愛ダンスをおどるオス。

ソウゲンライチョウ
アメリカ中部の草原にすむライチョウ。数羽から数十羽のオスが集まり、6km先までとどく声を出しながら求愛ダンスをおどります。メスをめぐって、オス同士があらそうこともあります。 ■40〜48cm ■植物の芽や葉、昆虫 ■北アメリカ

■体長 ■食べ物 ■分布 ■日本で見られる

キジ目
キジ科 キジのなかま

Dr.カワカミのポイント！ キジ科の鳥は、とにかくド派手！キジのなかまのオスは、色あざやかで美しく長い尾羽をもつ鳥が多い。反対にメスは地味。ウズラは、オスもメスも地味な色だけどね。キジ科の鳥は、地上でくらしていて、あまり飛ぶのは得意ではない。昔から狩りの対象として、人間とのかかわりが深い鳥でもある。

ウズラ 🇯🇵
日本のキジのなかまでは、ただひとつの渡り鳥です。海を越えて外国へ渡ります。家きんとして飼育されていますが、野生のウズラはたいへん数が減っていて、めったに見られません。🟥17〜19cm 🟩植物の芽や種子、昆虫 🟦東アジア

🟥体長 🟩食べ物 🟦分布 🇯🇵日本で見られる　※家きんは、ニワトリ、アヒルなど家畜として飼育される鳥です。

キジ 🇯🇵
日本固有種です。繁殖期には、オスは何羽ものメスとつがいになります。日本の代表的な鳥として、「国鳥」にえらばれています。■オス約81㎝、メス約56㎝ ■植物の芽や種子、昆虫 ■日本（北海道と沖縄をのぞく）

コウライキジ 🇯🇵
本来は日本にいない鳥ですが、北海道と対馬などに放されたものが野生化しています。■オス約80㎝、メス約60㎝ ■植物の芽や種子、昆虫 ■日本（北海道、対馬）、ユーラシア大陸中東部

インドクジャク
オスはかざり羽を大きく広げて、メスに求愛します。かざり羽は、上尾筒という部分の羽で、尾羽ではありません。■オス180～230㎝、メス90～100㎝ ■昆虫、小動物、果実、種子 ■インド、スリランカ

コジュケイ 🇯🇵
中国南部から台湾にかけてすむ鳥ですが、大正時代に日本で放され野生化しています。「ちょっとこい」と聞こえる、特ちょうある鳴きかたをします。■約30㎝ ■植物の種子、果実、昆虫 ■日本、中国南部、台湾

セイロンヤケイ
スリランカにすむ野生のニワトリです。海岸沿いのやぶや山の森にすんでいます。■オス66～72㎝、メス約35㎝ ■植物の種子、昆虫 ■スリランカ

ヤマドリ 🇯🇵
日本固有種です。オスの尾羽はとても長く、約90㎝もあります。すんでいる地域によって、色が少しずつちがっています。いかくやけいかいのために、翼を打ちあわせ音をだします。■オス87.5～136㎝、メス51～54㎝ ■植物の種子、果実、昆虫 ■日本（北海道と沖縄をのぞく）

キジ目
ツカツクリ科

キジ目 ツカツクリ科、シチメンチョウ科

Dr.カワカミのポイント！ ツカツクリ科のおもしろいところは、卵をだいてあたためず、自然の熱を利用して卵をかえすこと！　そのため、東南アジアやニューギニア島、オーストラリアのあたたかい地域でしか見られない。また、卵からかえったひなが、すぐに飛べるのも、おどろくべき特ちょうだ。

ヤブツカツクリ
集めた落ち葉が、土にすむ微生物によって分解されるときに出る発酵熱を利用して、卵をふ化させます。住宅街にもいて、人家の庭に巨大な巣をつくることもあります。
■60～70㎝　■果実、小動物　■オーストラリア東部

クサムラツカツクリ
乾燥林にすむツカツクリ。地面にあなをほり、その中に落ち葉をためて、発酵する熱で卵をかえします。■約60㎝　■植物の種子、果実、小動物　■オーストラリア南部

■体長　■食べ物　■分布

世界一の巨大な巣
ヤブツカツクリは鳥のなかで、もっとも巨大な巣をつくります。その大きさは、直径4m、高さ85cmにもなり、使われる落ち葉の量は約4トンにもなります。これをオスだけでひと月ほどかけてつくり、メスはいっさい手伝いません。

キジ目
シチメンチョウ科

Dr. カワカミのポイント！ シチメンチョウ科は、なんといってもオスの奇妙な顔や首が特ちょう！ 羽毛は生えておらず、むきだしの皮ふが青と赤にそまっている。興奮すると、顔が色あざやかに変化することから、「七面鳥」という名前がついた。肉がおいしく大量にとれるため、家きんとして、たくさん飼育されている。

シチメンチョウ
オスは繁殖期になると、尾羽を広げて求愛のダンスをおどります。かつては狩猟の影響で数が減りましたが、保護活動により数が回復しています。■オス約110cm、メス約90cm ■果実、昆虫 ■北アメリカ

セレベスツカツクリ
火山島であるスラウェシ島にしかすんでいません。地面にあなをほって卵を産み、地熱や太陽光を利用して卵をふ化させる、かわった鳥です。■約55cm ■果実、昆虫 ■スラウェシ島（インドネシア）

Dr.カワカミのびっくり！コラム❶
鳥の体

鳥の体は、飛ぶためにできている。全身が羽毛でおおわれ、前あしは翼になっている。また、体重が軽くないと自由に飛ぶことができないので、骨や筋肉もものすごく軽い。歯はとても重いので、なくなってしまったと考えられている。翼になった前あしは、物をつかむことができない。そのかわりくちばしが発達して、食べるものに合わせていろいろな形に進化した。後ろあしは、細く、うろこのある皮ふでおおわれている。鳥のゆびを「あしゆび」というが、多くの鳥は、前向きに3本、後ろ向きに1本、合計4本のあしゆびがある。しかし、あしゆびの数や向きは種によってちがっている。

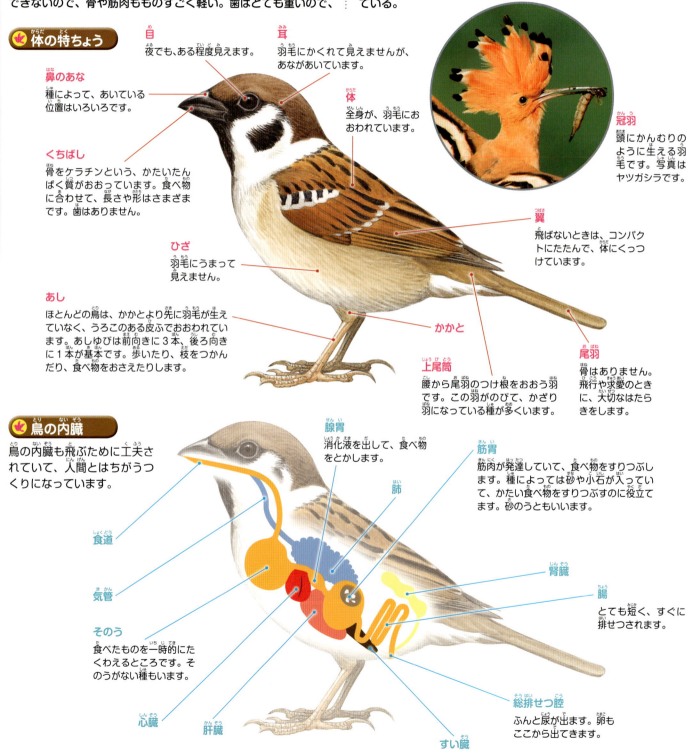

体の特ちょう

目 夜でも、ある程度見えます。

耳 羽毛にかくれて見えませんが、あながあいています。

鼻のあな 種によって、あいている位置はいろいろです。

くちばし 骨をケラチンという、かたいたんぱく質がおおっています。食べ物に合わせて、長さや形はさまざまです。歯はありません。

体 全身が、羽毛におおわれています。

冠羽 頭にかんむりのように生える羽毛です。写真はヤツガシラです。

翼 飛ばないときは、コンパクトにたたんで、体にくっつけています。

ひざ 羽毛にうまって見えません。

あし ほとんどの鳥は、かかとより先に羽毛が生えていなく、うろこのある皮ふでおおわれています。あしゆびは前向きに3本、後ろ向きに1本が基本です。歩いたり、枝をつかんだり、食べ物をおさえたりします。

かかと

上尾筒 腰から尾羽のつけ根をおおう羽です。この羽がのびて、かざり羽になっている種が多くあります。

尾羽 骨はありません。飛行や求愛のときに、大切なはたらきをします。

鳥の内臓

鳥の内臓も飛ぶために工夫されていて、人間とはちがうつくりになっています。

食道

気管

そのう 食べたものを一時的にたくわえるところです。そのうがない種もいます。

心臓

肝臓

腺胃 消化液を出して、食べ物をとかします。

肺

筋胃 筋肉が発達していて、食べ物をすりつぶします。種によっては砂や小石が入っていて、かたい食べ物をすりつぶすのに役立てます。砂のうともいいます。

すい臓

腎臓

腸 とても短く、すぐに排せつされます。

総排せつ腔 ふんと尿が出ます。卵もここから出てきます。

🌱 鳥の骨格

鳥の骨はうすく、中がからっぽになっていて、ものすごく軽くできています。また、骨の数も、ほ乳類よりもすくなくなっています。これも体を軽くするための工夫です。しかし、骨の内部にはたくさんの細い骨が縦横に走っていて、とてもがんじょうです。また、胸椎、肋骨、胸骨（竜骨突起）がじょうぶなかごのようになっていて、体の中の内臓をしっかりと守ります。首の骨の数は、ほ乳類は7個と決まっていますが、鳥では11～25個と種によってちがいます。胸にある竜骨突起は、翼を羽ばたくための大きな筋肉がつきます。

▲トビの骨の断面。とてもうすく、なかは空洞です。

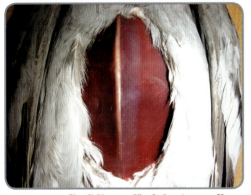

▲カワラバトの胸の筋肉です。長い距離を飛ぶのに適した、赤い筋肉がついています。

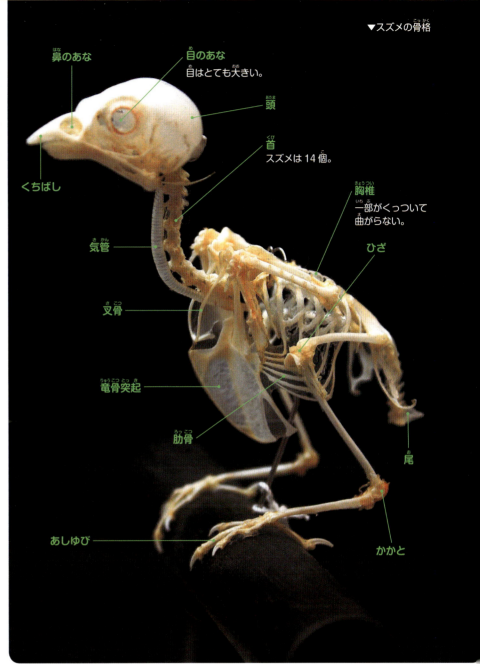

▼スズメの骨格

鼻のあな／目のあな　目はとても大きい。／頭／くちばし／首　スズメは14個。／気管／叉骨／胸椎　一部がくっついて曲がらない。／ひざ／竜骨突起／肋骨／尾／あしゆび／かかと

🌱 消化と排せつ

胃はふたつあって、まず腺胃で消化液を出して食べ物をとかします。つぎに筋胃に食べたものが入ります。この胃は筋肉が発達していて、強い力で食べ物をすりつぶすことができます。筋胃が歯のかわりをするのです。貝や種子を食べる鳥は、砂や小石も食べて筋胃にたくわえ、食べ物をすりつぶします。腸はとても短く、食べ物の消化がすむとすぐに尿といっしょに排せつします。鳥の尿は、水分が少なく、白い色をしています。すぐに排せつするのも、尿が水っぽくないのも、体を軽くするためのしくみです。

▶アオサギのふん。白い部分が尿です。

カモ目
カモ科 ガンのなかま

Dr. カワカミのポイント！ 家族ごとに集まった群れが、V字型の隊列を組んで渡ってくるガンのなかま！ あしに水かきがある典型的な水鳥にもかかわらず、陸にいることが多い。そのため、太くじょうぶなあしが体の中央についており、歩きやすくなっている。これはガンのなかまのおもな食べ物が、植物の葉や根であるからだろう。しかし、寝るときは安全な水面が必要なので、湖や沼からはなれた場所にすむことはない。

カモ目 カモ科（ガンのなかま）

マガン 🇯🇵 天然記念物
日本でいちばん数が多いガンです。「キャハハン、キャハハン」とよく鳴きます。写真は、北海道の宮島沼にいるマガンの大群です。●65〜86㎝ ●植物の葉や根、種子 ●北半球

●体長 ●食べ物 ●分布 🇯🇵日本で見られる

ヒシクイ 🇯🇵 天然記念物
おもに宮城県で越冬します。刈り入れが終わった水田で食べ物を探します。約66cm ■植物の葉や根、種子 ■日本、ユーラシア大陸

オオヒシクイ 🇯🇵 天然記念物

ヒシクイの亜種で、ヒシクイよりも体が大きく、くちばしと首が長いです。水辺に生えるマコモというイネ科の植物の根を、よく食べます。約80cm ■植物の葉や根、種子 ■日本、ユーラシア大陸東部

シジュウカラガン 🇯🇵
北アメリカにすんでいます。11の亜種があり、いちばん小さい亜種はいちばん大きい亜種の半分くらいの大きさしかありません。日本には、アリューシャン列島で繁殖をする亜種が少数渡来します。カナダガンともいいます。55～110cm ■植物の葉や根、種子 ■日本、北アメリカ

コクガン 🇯🇵 天然記念物

海の磯などにいます。アマモや海藻を好んで食べます。55～66cm ■アマモ、海藻 ■北半球

カリガネ 🇯🇵
マガンによく似ていますが、小さくて、目のまわりに黄色いふちどりがあります。毎年数羽が日本に渡ってきます。53～66cm ■植物の葉や根、種子 ■日本、ユーラシア大陸

サカツラガン 🇯🇵
極東ロシアで繁殖し、中国南部で越冬します。顔がお酒で赤くなった人の顔のように、すこし赤みをおびたように見えるので、この名がつきました。81～94cm ■植物の葉や根、種子 ■東アジア

ハクガン 🇯🇵
北アメリカなどの北極圏で繁殖し、アメリカ西海岸や中西部などで越冬します。大きな群れは40万羽以上にもなります。昭和初期まで日本にも数多く渡ってきましたが、現在は少数が渡来するだけです。66～84cm ■植物の葉や根、種子 ■日本、北アメリカ

マメ知識 ガンのなかまは、飛びたつときに首をふって家族に合図をしてから、いっしょに飛びたちます。

カモ目
カモ科 ハクチョウのなかま

Dr. カワカミのポイント！ ハクチョウは、じつはカモのなかまだ！ 7種のうち5種が全身真っ白だが、コクチョウのように黒い鳥もいる。幼鳥のうちは、『みにくいアヒルの子』の物語と同じように灰色だ。長い首は、深い水底に生えている水草を食べるときに役立つ。あしには水かきがあって、水面を泳ぐのがとてもじょうずだ。家族単位でくらし、寒い地域で繁殖するものは、冬はあたたかい地域へ渡ってくる。

オオハクチョウ 🇯🇵
日本のオオハクチョウは、極東ロシアやカムチャツカ半島で繁殖し、冬はおもに北海道や東北地方、日本海側の地域で越冬します。■140〜165cm ■植物の葉や根、種子 ■日本、ユーラシア大陸

▲巣に近づく敵をいかくする、オオハクチョウのオス。

■体長 ■食べ物 ■分布 ●日本で見られる

コクチョウ
オーストラリアに留鳥として生息しています。翼の先だけが白いほかは、全身真っ黒です。日本では飼育されていたものが逃げだし、野生化しています。●110〜140㎝ ●植物の葉や根、種子 ●日本、オーストラリア

クロエリハクチョウ
南アメリカ南部の海岸や湖などに、群れですんでいます。水草をよく食べます。●102〜124㎝ ●水草 ●南アメリカ南部

コハクチョウ
北極海沿岸の湿地で繁殖をし、アメリカやヨーロッパ、日本、中国などで冬越しをします。●120〜150㎝ ●植物の葉や根 ●北半球

ナキハクチョウ
ハクチョウのなかまで最大です。ラッパのような大きな声で鳴くため、アメリカなどでは「トランペッタースワン」とよばれています。●150〜180㎝ ●植物の葉や根、種子 ●北アメリカ

コブハクチョウ
日本で見られるこの鳥は、飼育していた鳥が逃げて野生化したものです。あまり大きな声では鳴きません。●125〜160㎝ ●植物の葉や根 ●日本、ユーラシア大陸

マメ知識 コハクチョウのくちばしの黒い部分の模様（形）は、一生かわらないので、個体を見分けることができます。

カモ目
カモ科

Dr.カワカミのポイント！ カモのなかまの大きな特ちょうは、その平たいくちばしだ！　そのくちばしのおかげで、水面や水中の細かい食べ物をのがさずとらえることができる。くちばしの先まで神経が通っているので、さわっただけで食べられるものかどうか判断できる。ただ、魚を食べるアイサのなかまだけは、すべって逃げられないように、先が曲がった細長いくちばしに歯のような突起がならんでいる。また、あしゆびに水かきがあり、泳ぎや潜水が得意だ。

マガモ 🇯🇵

北半球の広い地域で見られるカモです。日本には冬越しのために来る鳥が多いのですが、本州の山地と北海道では繁殖もしています。アヒルは、マガモを人間が飼育して品種改良した家きんです。　■50〜65cm　■植物の葉や種子、昆虫　■北半球

オスとメスでは、なぜ色がちがうの？

カモのなかまのオスの多くは派手な目立つ色をしていますが、メスはとても地味です。これはメスがつがいとなる相手のオスを選ぶときに、色を見て自分と同じ種を見分けているからで、メスが地味なのは、敵に見つかりにくくするためだと考えられています。ですから繁殖期が終わると、派手な色のオスも、エクリプス羽という地味な色の羽に生えかわり、目立たなくなります。

▼左がオスのマガモ（繁殖期）。右がメス。

■体長　■食べ物　■分布　🇯🇵日本で見られる

オナガガモ 🇯🇵
北半球に広く分布しています。日本では冬鳥です。オスは名前のとおり、ピンとつきでた長い尾羽をもっています。
🔴 50〜65㎝ 🔵植物の葉や種子、昆虫 ⬛北半球

カルガモ 🇯🇵
東アジアと南アジアにすむカモで、日本では留鳥です。くちばしの先が黄色いのが特ちょうです。🔴 58〜63㎝ 🔵植物の葉や種子、昆虫 ⬛東アジア、南アジア

トモエガモ 🇯🇵
東アジアにしかいないカモですが、日本にはあまり多くいません。韓国では、60万羽もの大群が見られることがあります。🔴 39〜43㎝ 🔵植物の葉や種子、昆虫 ⬛東アジア

コガモ 🇯🇵
北半球に広く分布し、日本には秋に渡来し、冬を越します。本州の一部と北海道で繁殖しています。日本のカモのなかでいちばん小さな種です。写真は、求愛ダンスをしているオスです。翼の緑色の部分は「翼鏡」とよばれています。
🔴 34〜43㎝ 🔵植物の葉や種子、昆虫 ⬛北半球

オカヨシガモ 🇯🇵
北半球に広く分布します。日本には冬鳥として渡来しますが、北海道東部と本州の一部では繁殖します。写真は、左がメス、右がオスです。
🔴 46〜58㎝ 🔵植物の葉や種子、昆虫 ⬛北半球

ヒドリガモ 🇯🇵
ユーラシア大陸に広く分布するカモで、日本では冬鳥です。草を引きちぎりやすいようにあつみがあるくちばしをもち、陸の植物をよく食べます。写真は、中央の1羽のメスに4羽のオスが求愛している様子です。
🔴 45〜51㎝ 🔵植物の葉 ⬛日本、ユーラシア大陸

ヨシガモ 🇯🇵
東アジアにしかいない鳥です。日本には冬鳥として湖や池、川、奥行きのある湾に渡ってきます。
🔴 46〜54㎝ 🔵植物の葉や種子、昆虫 ⬛東アジア

マメ知識 カモの翼には、種ごとに色がちがう「翼鏡」という部分があり、飛んだときに自分とちがう種の群れにまぎれない目印になります。

カモ目 カモ科

ハシビロガモ 🇯🇵
平たく大きなくちばしの縁がくしのようになっていて、水中の藻などの小さな食べ物がとれるようになっています。■43〜56cm
■藻類、水生動物、植物の種子 ■北半球

ツクシガモ 🇯🇵
くちばしが上にそっていて、干潟の泥の表面の食べ物を探しやすくなっています。日本では九州で多く見られます。■61〜63cm ■藻類、甲殻類、貝類 ■日本、ユーラシア大陸

ノバリケン
メキシコからアルゼンチンにかけての森の水辺にすむカモです。家きん化されたものが、日本では野生化しています。■66〜84cm ■水草、魚、水生昆虫
■中央アメリカ、南アメリカ

オシドリ 🇯🇵
東アジアにすんでいます。日本でも子育てをし、巣は大木のあなの中につくります。ドングリが好物です。■41〜51cm ■植物の種子、ドングリ類 ■東アジア

カモの採食方法
カモのなかまの採食方法には、マガモなどのように水面で逆立ちして水中の獲物をとるタイプと、ホシハジロのように潜水して獲物をとるタイプがあります。水面で採食するタイプは、水にういているとき尾羽がもちあがって見え、すぐに飛び立つことができますが、潜水して採食するタイプは、尾羽が下がって見え、水面を助走して飛びたつ、というちがいがあります。

▲水面採食タイプのマガモの尾は、もちあがっています。

▲潜水採食タイプのキンクロハジロの尾は、下に下がっています。

■体長 ■食べ物 ■分布 ●日本で見られる

スズガモ
海にいるカモです。海水の塩分を排出する器官があり、潜水して貝を食べます。数万羽の大群で冬を越します。■40〜51㎝ ■貝類、魚 ■北半球

ホシハジロ
湖や池で見られ、潜水して食べ物をとります。日本ではほとんどが冬鳥ですが、ごく少数が北海道で繁殖します。■42〜58㎝ ■水草 ■日本、ユーラシア大陸

キンクロハジロ
湖や沼、公園の池などで越冬します。よく水にもぐります。北海道でごく少数が繁殖します。■40〜47㎝ ■水草や植物の種子、水生昆虫 ■日本、ユーラシア大陸

ホオジロガモ 🇯🇵
湖や海で冬越しをします。頭をもちあげ、くちばしを上に向ける動作で求愛します。●42〜50cm ●貝類、魚 ●北半球

シノリガモ 🇯🇵
冬に、岩の多い海岸などで見られます。東北地方や北海道の山間部の渓流では、一部が繁殖しています。●38〜51cm ●海藻、貝類 ●東アジア、北アメリカ

クロガモ 🇯🇵
海にすむカモです。水にもぐって、おもに貝を食べます。●43〜54cm ●貝類、甲殻類 ●北半球

ウミアイサ 🇯🇵
くちばしに、するどい突起がならんでいるのが見えます。冬、おもに海にいて、潜水して魚をとらえます。🟥52〜58㎝ 🟦魚 🟧北半球

カワアイサ 🇯🇵
冬に、内陸の大きな湖などで見られます。潜水して魚をとります。北海道では繁殖をしています。🟥82〜97㎝ 🟦魚 🟧北半球

ミコアイサ 🇯🇵
淡水の湖や沼で越冬します。ほかのアイサのなかまとちがい、魚よりもエビなどの水生動物を多く食べます。🟥35〜44㎝ 🟦水生動物、魚 🟧日本、ユーラシア大陸

コウライアイサ 🇯🇵
東アジアのせまい地域でしか繁殖せず、繁殖するのは、数千羽と考えられています。巣は木のあなにつくります。🟥52〜62㎝ 🟦魚 🟧日本、ロシア、中国、北朝鮮

アビ目
アビ科

Dr.カワカミのポイント! 海鳥であるアビのなかまは、潜水が大得意! 75mもの深さまでもぐった記録もあり、水にもぐるのに都合がいい体をしている。たとえば、あしは体の後ろのほうについていて、水をけって前へ進むのに効率がよい。また、水かきがついたあし全体がうすく平たくなっていて、力強く水をとらえることができる。しかし、このような体では、陸上ではあまり自由に動くことができず、卵をあたためるとき以外は、陸に上がることはめったにない。繁殖地は北の寒い地域の沼や湖で、羽の模様は美しい。冬になると温帯の海岸へ越冬のために渡り、美しかった羽は地味な色にかわる。

ハシグロアビ

北アメリカとグリーンランドの湖や沼で繁殖します。アメリカでは海岸や湖でよく見られます。水辺にかれ草と泥をつんで巣をつくります。 ■約72cm ■魚 ■北アメリカ、グリーンランド

■体長 ■食べ物 ■分布 ■日本で見られる

▲移動するとき、ひなは親鳥の背中に乗る。

シロエリオオハム 🇯🇵
冬に日本沿岸に渡ってきます。内陸に行くことはあまりありません。写真は冬羽です。■約65cm ■魚 ■日本、北アメリカ、ユーラシア大陸東部

オオハム 🇯🇵
冬に日本の沿岸に渡来します。シロエリオオハムと、とてもよく似ていて、同種とする説もあります。■約72cm ■魚 ■日本、ユーラシア大陸

アビ 🇯🇵
夏羽ではのどが赤茶色になります。くちばしがすこし上にそっているのも特ちょうです。■約63cm ■魚 ■北半球

マメ知識 オオハムは、魚を食べることから「魚喰み」という言葉が由来に。アビは、「喰み」という言葉が変化したといわれています。

ペンギン目
ペンギン科

Dr.カワカミのポイント！ ペンギンのなかまは、鳥のなかでいちばん潜水能力が高い！ 翼は板のように平たくなり、水中で羽ばたくように上下に動かして進む。流線形の体は水の抵抗が少なくてすみ、重い体重は深くもぐるのに有利だ。しかし、このような体のつくりでは空を飛ぶことはできない。ペンギンは空を飛ぶことをやめ、水中での暮らしに重点をおいて進化した鳥なのである。

コウテイペンギン
いちばん大きなペンギンです。子育ては真冬の南極大陸でおこなわれ、繁殖地は、もっとも寒い場所にあります。564mの深さまでもぐった記録があります。
■112〜115㎝ ■魚、甲殻類 ■南極大陸

ニシイワトビペンギン
両足をそろえて、岩の上を飛びはねて移動することから、この名前がつきました。頭には目立つかざり羽があります。 ■55〜62㎝
■甲殻類 ■南アメリカ南端（ホーン岬）、フォークランド諸島

■体長 ■食べ物 ■分布

フンボルトペンギン
南アメリカ西部のペルーからチリにかけての沿岸部で、繁殖します。日本の動物園や水族館で、いちばん多く飼育されています。🔴65〜70㎝ 🔵魚、イカ 🟠南アメリカ西部

ガラパゴスペンギン
赤道直下のガラパゴス諸島にいます。もっとも暑いところにすむ種で、羽毛の長さが、ペンギンのなかでいちばん短くなっています。🔴48〜53㎝ 🔵魚 🟠ガラパゴス諸島

アデリーペンギン
目のまわりの白いふちどりが特ちょうのペンギンです。南極大陸と周辺の島で繁殖します。🔴約70㎝ 🔵甲殻類、魚 🟠南極大陸と周辺の島

コガタペンギン
いちばん小さなペンギンです。体が小さいので、天敵のいない夜に上陸します。🔴40〜45㎝ 🔵魚 🟠オーストラリア南部、ニュージーランド

オウサマペンギン
南極周辺の島で、大集団をつくって繁殖します。大きな群れでは、60万羽もいたという記録があります。🔴約95㎝ 🔵魚 🟠南極海の島

森のペンギン
ペンギンは南極の氷の上にいるイメージがありますが、スネアーズペンギンが子育てするのは、海岸からはなれた森の中。ナンキョクブナなどの樹木の根元やあなに巣をつくります。森の中は、卵やひなが天敵のオオトウゾクカモメなどに見つかりにくく、卵をかえすのに最適な湿度や温度が保たれているなど良いことがあります。そのため、わざわざ海から遠くはなれた森の中で子育てをするのです。かつてペンギンの多くは、森の中で子育てをしていたという説があります。

スネアーズペンギン
ニュージーランドの南、約200kmのスネアーズ諸島で繁殖します。海岸からはなれた森の中で子育てをします。🔴56〜73㎝ 🔵甲殻類 🟠スネアーズ諸島

37

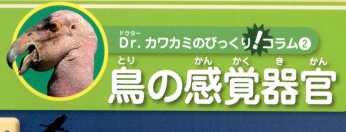

Dr. カワカミのびっくり！コラム❷
鳥の感覚器官

鳥は、動物のなかで、もっとも目がよい生きものだ。また、耳で音を聞く能力もすぐれている。これらの能力は、空を飛ぶことと関係していて、とくに高速で飛びまわる鳥にとっては、視力がよくなくてはうまく空を飛ぶことができないし、声で連絡をとりあわないとなかまとはぐれてしまう。また、鳥の鼻は、においにあまり敏感ではないと思われてきたが、最近の研究では、多くの鳥がにおいを感じとっていると考えられている。

🌸 鳥の目

◎夜でも見える

鳥は、「鳥目」とよばれ、夜は見えないと思われていますが、じつは、ほとんどの鳥が夜も見えています。フクロウのなかまやヨタカのなかまなど、夜に活動する鳥はもちろん、昼間活動する鳥でも、夜に渡りをするものが多くいます。また、夜行性の鳥の目には、タペータムという組織があり、少ない光でも効率よく集めるはたらきをします。フクロウやヨタカの目に光を当てると赤く光るのはそのためです。

▲タペータムが赤く光るアブラヨタカの目。

▲夜に渡りをするクロヅルの群れ。

◎色が見える

ほとんどの鳥は、昼間に行動するので、色を見分ける能力が発達しました。そのため、求愛するときに魅力的に見せるためや、似ている種と見分けられるように、色がゆたかになりました。また、人間が見ることができない、紫外線も見ることができ、オスとメスを見分けたり、木の実の食べごろを判断するのに役立ちます。

▼紫外線を通さない工夫をしたカラスよけのゴミ袋。紫外線を通さないので、カラスの目には袋の中に食べ物があることがわかりません。

▲コンゴウインコが色あざやかなのは、鳥も色が見えるからです。

◎種によってちがう目の位置

目がついている位置は、鳥の習性によってちがっています。タカやフクロウのなかまは、獲物までの距離が正確にわかるように目が正面を向いています。ヤマシギは、くちばしで土の中の食べ物を探しているときでも、敵が来たことがわかるように、目が顔の真横についていて、360度見わたすことができます。

◎鳥の目は動かない

鳥は、高速で空を飛ぶために眼球が固定されていて、ほとんど動かすことができません。そのかわり首が自由に動き、とくにフクロウのなかまは、首が270度まで回り、真後ろを見ることができます。

▲正面を向いているオオタカの目。

▲顔の真横についているヤマシギの目。

▲首を回して後ろを見るシロフクロウのメス。

🌼 鳥の鼻

鳥の鼻はかんたんなつくりのため、あまりにおいは感じていないと思われていました。しかし、多くの鳥がにおいに敏感であることがわかってきました。とくにキーウィやミズナギドリのなかま、カモのなかまなどはにおいを感じる器官が発達していて、においで食べ物を探したり、なかまどうしのコミュニケーションにつかいます。

▶オオマダラキーウィの鼻のあなはくちばしの先にあり、においをたよりにミミズを探します。

🌼 敏感な鳥のくちばし

シギやカモは、目では見えない水や土の中の食べ物でも、くちばしの感触だけでとることができます。これは、くちばしの先まで神経が通っていて、とても敏感になっているからです。

▲▶神経のあながたくさんあいているヤマシギのくちばし。

🌼 鳥の耳

鳥の耳のあなは、ふつうは羽毛におおわれているので見ることができませんが、音を聞く能力もすぐれています。たとえば、大集団で繁殖する海鳥は、鳴き声を聞きわけているので、ものすごくたくさん鳥がいるなかでも、親子はまよわずに会うことができます。また、キンメフクロウの耳のあなの位置は、左右で高さがずれていて、そのずれを利用して音で獲物の位置を正確にはかり、暗闇でもつかまえられます。

▲カリフォルニアコンドルの頭には羽毛がないので、耳のあなが見えます。

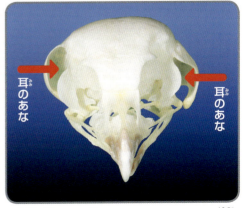
▲左右の耳のあなの高さがちがうキンメフクロウの頭骨。

ミズナギドリ目
アホウドリ科

Dr. カワカミのポイント！

グライダーのように、羽ばたかなくても風に乗って、ゆうゆうと飛ぶアホウドリ。とても大きな海鳥で、最大種のワタリアホウドリは翼を広げた長さが3m50cmをこえることもある。ひなにあたえる食べ物をとるために、その飛行能力をいかして、1000km以上もはなれた海まで飛んでいくこともめずらしくない。また、寿命は30年以上ととても長生き。求愛のときにはユーモラスな動きでダンスをおどる。ほとんどの種が、南半球に分布している。

マユグロアホウドリ
目にかかる黒い線が眉毛のように見えるので、この名前がつきました。●83〜93cm　●イカ、魚　●南極周辺の海域

●体長　●食べ物　●分布　●日本で見られる

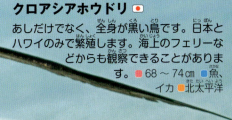

クロアシアホウドリ 🇯🇵
あしだけでなく、全身が黒い鳥です。日本とハワイのみで繁殖します。海上のフェリーなどからも観察できることがあります。🔴 68〜74㎝ 🔵 魚、イカ 🟧 北太平洋

コアホウドリ 🇯🇵
小笠原諸島やミッドウェー諸島などで繁殖をする、小型のアホウドリです。
🔴 79〜81㎝ 🔵 イカ、魚 🟧 北太平洋

ニシキバナアホウドリ
南大西洋の絶海の孤島であるゴフ島や、トリスタン・ダ・クーニャ島で繁殖します。🔴 約80㎝ 🔵 イカ、魚 🟧 南大西洋

アホウドリ 🇯🇵 特別天然記念物
日本の伊豆諸島の鳥島や、尖閣諸島がおもな繁殖地です。イカや魚を海面近くでとります。🔴 84〜93㎝ 🔵 イカ、魚 🟧 北太平洋

ワタリアホウドリ
南緯30〜60度の南半球の島々で繁殖します。翼を広げた長さは鳥類最大で、3m50㎝という記録もあります。
🔴 107〜135㎝ 🔵 イカ、魚 🟧 南極周辺の海域

アホウドリ移住計画
アホウドリは、明治時代までは北太平洋西部にたくさんいましたが、羽毛をとるために乱獲され、1949年には絶滅したと思われていました。ところが、1951年になって鳥島で再発見され、これまでさまざまな保護活動がおこなわれてきました。その結果、すこしずつ数をふやすことができたのです。しかし、鳥島の繁殖地は火山の噴火によって、いつ消滅するかわかりません。そこで、かつてアホウドリが繁殖していた小笠原諸島への移住計画が進められています。

▲アホウドリのひなにえさをあげる研究員。

ミズナギドリ科

ミズナギドリ目

Dr. カワカミのポイント！ ボクのいちばん尊敬する鳥がミズナギドリ！ なぜなら、ほかの鳥ではまねができないスーパーバードだからだ。まず、飛行能力がすごい。細長い翼を使って、ほとんど羽ばたくことなく一日に何百キロもの距離を飛ぶ。潜水も得意で、獲物を追って深さ60mまでもぐることができるものもいる。陸上でも1mにもなるあなをほって巣をつくる。陸海空のすべてを生活する場にできる鳥が、ミズナギドリなのだ。

セグロミズナギドリ 🇯🇵
小笠原諸島の南硫黄島と東島のみで繁殖地が見つかっています。ミズナギドリのなかまの多くは、陸から遠くはなれた島で集団で繁殖をし、夜になると巣にもどります。
🟥 27〜33cm 🟦 魚、イカ 🟧 太平洋

🟥体長 🟦食べ物 🟧分布 🇯🇵日本で見られる

ハシボソミズナギドリ 🇯🇵
冬にオーストラリアで繁殖し、夏をアリューシャン列島ですごします。日本では渡りの途中に見られ、北海道の知床沖では数万羽の群れが観察できます。🔴40〜45㎝ 🔵動物プランクトン、魚、イカ 🟢太平洋

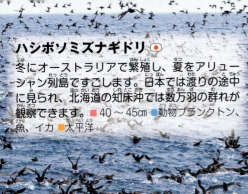

オオミズナギドリ 🇯🇵
日本でもっともよく見られるミズナギドリです。繁殖地は日本周辺だけにあります。🔴約48㎝ 🔵魚、イカ 🟢北太平洋西部

シロハラミズナギドリ 🇯🇵
小笠原諸島とハワイ諸島だけで繁殖します。🔴約30㎝ 🔵魚、イカ、動物プランクトン 🟢北太平洋中部・西部

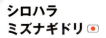

アナドリ 🇯🇵
日本では小笠原諸島や奄美大島、八重山列島で繁殖します。名前のとおり、あなをほって巣にしますが、岩のすきまを巣にすることもあります。🔴約28㎝ 🔵動物プランクトン、魚、イカ 🟢太平洋、大西洋、インド洋の赤道周辺

フルマカモメ 🇯🇵
名前にカモメとついていますが、ミズナギドリのなかまです。とくに夏に日本周辺で見られます。🔴45〜50㎝ 🔵魚、イカ、動物プランクトン 🟢北太平洋、北大西洋、北極海

オナガミズナギドリ 🇯🇵
日本では小笠原諸島で繁殖します。潜水が得意です。🔴38〜46㎝ 🔵魚、イカ 🟢太平洋、インド洋

マメ知識 ニュージーランドやオーストラリアでは、ハシボソミズナギドリのひなを「マトンバード」とよび、現地の人々は食用にしています。

ミズナギドリ目
ウミツバメ科

Dr. カワカミのポイント！ ウミツバメという名前だが、じつはツバメのなかまではなく、ミズナギドリにちかい小型の海鳥だ！ 多くの種で尾羽の形がツバメと似ているので、この名前がついた。繁殖期以外はずっと海上にいるので、船に乗らないとふつうは見ることがないだろう。とても嗅覚が発達していて、においで食べ物を探していると考えられている。あしには水かきがあり、潜水することもできる。夜も活動し、光に集まる習性がある。繁殖地のほとんどが無人島で、あなをほって巣をつくっている。

クロウミツバメ 🇯🇵
絵は小笠原諸島の南硫黄島の繁殖地に、夜になって帰ってきたところです。南硫黄島はクロウミツバメの、世界でただひとつの繁殖地です。 ■約25cm ■動物プランクトン、魚、イカ ■北太平洋西部、インド洋

■体長 ■食べ物 ■分布 🇯🇵日本で見られる

コアシナガウミツバメ
南アメリカの西海岸沖で生息しています。あしが長い小型のウミツバメです。🔴約16㎝ 🔵魚、甲殻類 🟧エクアドル、ペルー、チリの太平洋沖

オーストンウミツバメ 🇯🇵
日本では、伊豆諸島や小笠原諸島で繁殖します。オーストンとは、イギリスの博物学者の名前です。🔴約25㎝ 🔵魚、イカ、動物プランクトン 🟧北太平洋西部

アシナガウミツバメ
ひらひらと飛びながら、水面の動物プランクトンをくちばしでつまみとって食べます。
🔴15～19㎝ 🔵動物プランクトン
🟧南太平洋、大西洋、インド洋

コシジロウミツバメ 🇯🇵
日本では、北海道の大黒島や岩手県の三貫島などで繁殖します。🔴19～22㎝ 🔵魚、イカ、動物プランクトン
🟧北太平洋、北大西洋

コシジロウミツバメの鳴き声
コシジロウミツバメは、自分の鳴き声の反響を利用して、地形や高度、大きな障害物を知ることができます。そのため、真っ暗ななかでも自由に飛びまわることができるのです。

カイツブリ目
カイツブリ科

Dr.カワカミのポイント！ 潜水が得意な水鳥で、いちばんの特ちょうはあしにある！　あしゆびが木の葉のように平たくなっていて、「弁足」とよばれている。弁足は、水を後ろにけるときには広がり、前に引くときはとじるようになっている。このため、水中をもぐるときにあまり余分な力を使わずにすむ。またふつう、鳥のつめはかぎ型にとがっているが、カイツブリのなかまはつめが平たくなっている。これにより、水を力強くけることができる。

カンムリカイツブリ 🇯🇵
繁殖期には美しい羽を広げ、写真のように求愛ダンスをおどります。日本でも琵琶湖や青森県などで繁殖します。●46〜61㎝　●魚　●日本、ユーラシア大陸、アフリカ、オーストラリア、ニュージーランド

●体長　●食べ物　●分布　🇯🇵日本で見られる

カイツブリ 🇯🇵
日本でもっともよく見られるカイツブリのなかまです。池や沼にいます。■25～29cm ■魚、昆虫 ■日本、ユーラシア大陸、アフリカ

▲カイツブリの弁足。

ハジロカイツブリ 🇯🇵
日本では冬に、湖や海で見られます。「ハジロ」とは、翼に白い部分があるという意味です。■28～34cm ■魚 ■日本、ユーラシア大陸、北アメリカ、アフリカ

ミミカイツブリ 🇯🇵
写真は夏の姿で、冬は地味な色になります。冬に日本でも見られます。■31～38cm ■魚 ■北半球

アカエリカイツブリ 🇯🇵
北海道では繁殖をしていますが、日本のそのほかの地域では冬鳥です。■40～50cm ■魚 ■北半球

カイツブリの浮き巣
ほとんどの水鳥は、陸上に巣をつくりますが、カイツブリのなかまは、巣も水の上に水草などをつみあげてつくります。水上の浮き巣は、敵が近づきにくいという特ちょうがあります。

フラミンゴ目
フラミンゴ科

Dr.カワカミのポイント！ フラミンゴは、鳥のなかでもそうとうかわっている。とくにかわっているのが、曲がったくちばし。食べ物をとるときには、首を曲げ、上のくちばしを下にして水中に入れ、細かく動かして使う。また、くちばしの中がくしのようになっていて、目に見えないくらいの小さな藻や甲殻類をこしとって食べる。あしが長くて泳ぎが苦手なように見えるが、水かきがあって、じょうずに泳ぐことができる。アフリカなどの食べ物が豊富な湖では、数十万羽もの大群になることもめずらしくない。

◀上くちばしを下にしてエサをとります。

コフラミンゴ
小型のフラミンゴで、いちばん数が多い種類です。アフリカ中央部の湖では、100万羽ちかい群れになります。 ●80〜90cm ●藻類 ●アフリカ

◀フラミンゴは水の中に土をもり、卵を産みます。

●体長 ●食べ物 ●分布 ●日本で見られる

ネッタイチョウ目
ネッタイチョウ科

Dr. カワカミのポイント！
名前のとおり、熱帯や亜熱帯にすむ、すっとのびた長い尾羽が特ちょうの海鳥。ふだんはずっと海の上にいるが、繁殖のときだけ島に上陸する。だから歩くのは苦手。飛ぶのがとてもうまく、羽ばたきながら空中で停止してから、水中に飛びこんでトビウオやイカをとらえる。飛びこんだときの衝撃をやわらげるために、羽毛の下に空気の層がある。かつては、ペリカンのなかまに入れられていたが、現在の分類ではネッタイチョウのなかまとして独立している。

ベニイロフラミンゴ
全身があざやかな紅色になります。かつてはオオフラミンゴと同じと考えられていましたが、現在は別種とされています。●120〜145cm ●藻類、甲殻類 ●北アメリカ、カリブ海沿岸、ガラパゴス諸島

アカオネッタイチョウ
日本で繁殖する、唯一のネッタイチョウで、小笠原諸島で子育てをしています。●78〜81cm ●魚、イカ ●太平洋、インド洋

アカハシネッタイチョウ
ネッタイチョウのなかでいちばん大きい鳥です。尾羽の長さが50cm以上もあります。●90〜105cm ●魚、イカ ●インド洋、紅海、大西洋、太平洋東部の一部

シラオネッタイチョウ
白い尾が特ちょうのネッタイチョウです。まれに日本でも見られます。●70〜82cm ●魚、イカ ●太平洋、インド洋、大西洋

マメ知識 フラミンゴのひなは、親の食道の先にある"そのう"から分泌される栄養豊富な液体（フラミンゴミルク）を飲んで成長します。

コウノトリ目
コウノトリ科

Dr.カワカミのポイント！ コウノトリは、くちばしや首、あしが長い大型の水鳥で、ツルに似ているが、まったく別のなかまだ！ツルは木の枝にはとまらないが、コウノトリのなかまはとまること、ツルは大きな声で鳴くが、多くのコウノトリのなかまはほとんど鳴き声を出さず、くちばしを打ち鳴らして音を出すなど、さまざまな点がちがう。

シュバシコウ
ヨーロッパなどで繁殖します。木の上に巣をつくりますが、屋根の上などもよく利用します。写真は、街の目印として高いところにかざられた車の上につくった巣です。巣の中に3羽のひながいます。 ■100〜115㎝ ■魚、小動物 ■ヨーロッパ、アフリカ、インド

▶成鳥は、くちばしが赤くなります。

■体長 ■食べ物 ■分布 ■日本で見られる

クラハシコウ
アフリカに生息している大きなコウノトリです。オスもメスも見ためはよく似ていますが、オスはこい茶色、メスは黄色と、目の色だけがちがいます。■145〜150cm ●魚 ●アフリカ

アフリカハゲコウ
頭と首に羽毛がほとんど生えていない、大型のコウノトリです。動物の死肉、ゴミなども食べます。写真は、サンショクウミワシ（左）の獲物を、アフリカハゲコウが横どりしようとしている様子です。
■115〜152cm ●動物の死がい、魚、小動物 ●アフリカ

ナベコウ
ユーラシア大陸中央部などで繁殖し、中国やパキスタン、アフリカなどで越冬します。ごくまれに日本にも渡ってきます。■95〜100cm ●魚、小動物 ●ユーラシア大陸、アフリカ

アオハシコウ
アフリカの乾燥した草原にすんでいます。昆虫の幼虫やバッタなどを食べます。■75〜81cm ●昆虫 ●アフリカ

日本のコウノトリの野生復帰
コウノトリは、江戸時代までは日本各地で繁殖をしていましたが、今では自然状態で繁殖している鳥はいません。日本最後の繁殖地であった兵庫県豊岡市では、現在保護施設をつくり、日本国内で飼育されていたコウノトリやロシアなどのコウノトリを繁殖させて、野生に帰す活動が続けられています。これまでに40羽以上が放鳥され、野外でも子育てをはじめています。

コウノトリ　特別天然記念物
東アジアにすむコウノトリのなかまです。日本には、冬鳥としてまれに渡ってきます。
■110〜115cm ●魚、小動物 ●日本、ロシア、中国

ペリカン目
トキ科

Dr.カワカミのポイント！ トキ科の鳥は、かつてはコウノトリ目に分類されていたが、最近になってペリカン目に変更されたんだ！ トキ科の鳥は、長いくちばしが大きく下に曲がったトキのなかまと、へらのような形をしたくちばしのヘラサギのなかまがいる。トキは、くちばしで泥の中の食べ物をさぐってとり、ヘラサギは、水中に差し入れたくちばしを左右に動かして、魚や水生動物をとる。

クロツラヘラサギ 🇯🇵

繁殖地が、朝鮮半島の小さな島と中国の一部にしかない、世界的な希少種です。ごく少数が冬に、日本にも渡ってきます。 ■60〜78cm ■魚 ■日本、朝鮮半島、中国

■体長 ■食べ物 ■分布 ■日本で見られる

ヘラサギ
ヘラサギのなかまでは、いちばん広い範囲にすんでいます。集団で木の上などに巣をつくります。オランダの国鳥です。
●70〜95cm ●水生昆虫、魚 ●日本、ユーラシア大陸

▲ヘラサギのひなは、くちばしが「へら」になっていない。

ショウジョウトキ
白や黒い色が多いトキのなかで、唯一赤い色をしています。●約60cm ●カニ ●南アメリカ北部

トキ 特別天然記念物
中国の一部にごく少数がいるだけです。日本の野生のトキは絶滅してしまいました。現在、野生復帰を目指す保護活動がおこなわれています。
●55〜78cm ●魚、小動物 ●日本、中国

ブロンズトキ
トキのなかまで、いちばん広範囲に分布しています。羽は金属のように光って見えます。
●48〜66cm ●昆虫 ●アフリカ、マダガスカル島、アジア、オーストラリア、北アメリカ南部

マメ知識　トキの羽のあわいピンクは、昔から〝とき色〟とよばれています。

ペリカン目
サギ科

Dr. カワカミのポイント！ 首やあし、くちばしが長〜い鳥。それがサギだ！ ほとんどが水辺でくらしているが、なかには森の中にすんでいる種もあり、採食場所もいろいろだ。ふだんは首を曲げているゴイサギのなかまと、つねに首をのばしているサギのなかまに大きく分けられる。「粉綿羽」という粉のような特殊な羽毛をもっていて、防水性を保つのに役立つ。飛んでいるときに首を曲げるのもサギ科の特ちょうだ。

ヨシゴイ
とても小さなサギで、水辺のヨシやガマが生えている場所にいます。日本には夏鳥として渡来し、冬は東南アジアなどですごします。
■30〜40㎝ ■水生昆虫、魚 ■日本、東南アジア

サンカノゴイ
ヨシ原にすむ大きなサギです。かれ草のような体の色をしていて、敵に見つかりにくいです。日本でも繁殖します。
■64〜80㎝ ■カエル、魚 ■日本、ユーラシア大陸、アフリカ

オオヨシゴイ
日本には夏鳥として渡来し、ヨシ原などで子育てをします。たいへん数が少なく、なかなか見られません。■33〜39㎝
■魚、カエル ■東アジア、東南アジア

■体長 ■食べ物 ■分布 ■日本で見られる

ササゴイ 🇯🇵
待ちぶせて魚をとります。熊本県の水前寺公園などにいる一部のササゴイは、羽毛や木片の擬似餌を使ったり、昆虫をまき餌にしたりして魚をおびきよせてとります。🔴40〜48cm 🔵魚 🟠アジア、オーストラリア、アフリカ、南北アメリカ

リュウキュウヨシゴイ 🇯🇵
日本では琉球諸島で、一年中見られます。首をのばすと、草にまぎれて、敵から見つかりにくくなります。🔴約40cm 🔵魚、カエル 🟠日本、東南アジア、インド

ゴイサギ 🇯🇵
おもに夕方から夜間に活動しますが、繁殖期は日中も魚をとります。夜、「クワックワッ」と鳴きながら飛んでいます。🔴56〜65cm 🔵魚、カエル 🟠日本、ユーラシア大陸南部、アフリカ、南北アメリカ

ミゾゴイ 🇯🇵
世界でも日本でのみ繁殖する、貴重なサギです。近年、たいへん数が少なくなっています。夜間に「ボーボー」と、大きな声で鳴きます。🔴約49cm 🔵ミミズ、サワガニ、昆虫 🟠日本、東南アジア

クロコサギ
翼で日かげをつくって、魚をおびきよせてつかまえる習性があります。●42〜66cm ●魚 ●アフリカ中南部

ペリカン目 サギ科

●体長 ●食べ物 ●分布 ●日本で見られる

ムラサキサギ 🇯🇵
日本では、八重山列島で繁殖していますが、そのほかの地域には、旅鳥として、ときどき姿をあらわします。
- 🟥 78〜90cm 🟩 魚、カエル
- 🟧 アジア、ヨーロッパ、アフリカ

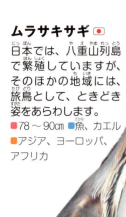

チュウサギ 🇯🇵
コサギにくらべてくちばしが太く、魚よりもカエルやザリガニなどをとるのが得意です。日本には夏鳥として渡ってきて、繁殖します。
- 🟥 56〜72cm 🟩 小動物
- 🟧 日本、アフリカ、インド、東南アジア、オーストラリア

クロサギ 🇯🇵
磯やさんごしょうなどの海岸で生活するサギです。黒色型と白色型のふたつがあり、本州では黒色型が多く、南西諸島では両方の型が見られます。
- 🟥 58〜66cm 🟩 魚、甲殻類
- 🟧 西太平洋

ダイサギ 🇯🇵
サギのなかまで、もっとも広範囲に分布しています。繁殖期には、美しいかざり羽が生えます。
- 🟥 80〜104cm 🟩 魚 🟧 日本、ユーラシア大陸南部、アフリカ、南北アメリカ、オーストラリア

アオサギ 🇯🇵
灰色の大型のサギです。魚が主食ですが、ネズミなども食べます。大きな魚は、くちばしでつきさしてとらえます。 🟥 90〜98cm 🟩 魚、ネズミ 🟧 日本、ユーラシア大陸、アフリカ、マダガスカル島

コサギ 🇯🇵
あしゆびが黄色い小型のサギです。水の中であしをふるわせて、岩かげの魚を追いだしてつかまえる習性があります。日本には一年中います。
- 🟥 55〜65cm 🟩 魚、水生昆虫 🟧 日本、ユーラシア大陸、アフリカ、ニューギニア島、オーストラリア

アマサギ 🇯🇵
もともとはアフリカからアジアに生息していましたが、20世紀初頭くらいから急速に世界中に分布を拡大しました。日本にも夏鳥として渡来し、繁殖します。
- 🟥 46〜56cm 🟩 昆虫 🟧 日本、東南アジア、インド、オーストラリア、アフリカ、ヨーロッパ、南北アメリカ

マメ知識 ダイサギでも、クロコサギのように翼で日かげをつくり、魚をとる行動が観察されています。

ペリカン目
シュモクドリ科

Dr. カワカミのポイント！ シュモクドリ科の鳥は、アフリカなどに生息するシュモクドリ1種だけだ。樹木や岩の上に、枝を組んだドーム状の巣をつくる。巨大なものは直径2m以上にもなる。ひなは、おもにオタマジャクシをあたえられて育つ。

ペリカン目　シュモクドリ科、ハシビロコウ科

シュモクドリ
頭の形が、かねをたたく撞木（ハンマー）に似ているので、この名前がつきました。■50〜56㎝　■魚、カエル（オタマジャクシ）　■アフリカ、マダガスカル島、アラビア半島の一部

■体長　■食べ物　■分布

ペリカン目
ハシビロコウ科

Dr. カワカミのポイント！ 大きなくちばしで存在感たっぷりのハシビロコウ。コウノトリに似ているが、ペリカンにちかいとされる。ハシビロコウ科の鳥は、ハシビロコウ1種だけ。巨大なくちばしは先が曲がっていて、大きな魚を引っかけてとるのに役立つ。ほとんど鳴かず、くちばしをカタカタ鳴らす習性がある。

ハシビロコウ
湿地でじっと動かず待ちぶせし、空気呼吸をするために、水面へういてくる魚（ハイギョ）などを、大きなくちばしでつかまえます。
●約120㎝ ●魚 ●アフリカ中央部

ペリカン目
ペリカン科

Dr.カワカミのポイント！ ペリカンといえば、大きなくちばしがトレードマークだ！なかでもモモイロペリカンのくちばしは鳥類最長で、50cmちかくもある。のどには袋があって、水中でがばっと広げて網のようにして魚をつかまえる。すべてのあしゆびが、水かきでつながっているのは、ペリカン科の大きな特ちょうである。

▲共同で魚をとっています。

モモイロペリカン
何羽もの鳥が集まって、共同で魚をとる習性があります。日本にもまよって来たことがあります。■オス約175cm、メス約148cm　■魚　■ヨーロッパ南東部、アフリカ、インド

◀ひなにえさをあたえています。

■体長　■食べ物　■分布

カッショクペリカン
海にすむペリカンです。空中から飛びこんで、魚をつかまえます。 105〜152㎝ 魚 南北アメリカ沿岸

Dr.カワカミのびっくり！コラム❸ 鳥の群れ

何万羽にもなる鳥の群れを見たことがあるかな？　群れをつくることは鳥の大きな特ちょうだ。群れの大きさは、家族だけの数羽から、ときには何千、何万羽ものビックリするくらいの数になることもある。群れのほとんどは、同じ種で集まっているが、なかには別々の種が集まっている場合もある。ふつうは1羽で行動する種でも、渡りや寝るときには群れになるものが多い。また、食べ物をとるときや子育てするときに群れになる種もいる。では、なんで鳥たちは、群れをつくるのだろう。それは基本的に、1羽でいるよりも、大勢でいたほうが安全にくらすことができるからだ。ほかにも鳥が群れをつくる理由はいくつかある。ここで紹介していこう。

敵におそわれにくくなる

群れでいると、敵のねらう鳥が自分以外にもたくさんいます。数が多くなればなるほど、自分がねらわれる危険が少なくなるのです。

▲ホシムクドリの群れをねらうハヤブサ。

早く敵が来たことがわかる

敵の接近に自分が気がつかなくても、群れのだれかが気がつくので、1羽でいるときよりも危険を早く知って逃げることができます。とくに休息中や寝るときは、敵が近づいても気がつきにくいので、多くの鳥が群れをつくります。

▲樹上で群れになって眠るハクセキレイ。

敵を追いはらうことができる

鳥のなかには、大集団で子育てをするものが少なくありません。大集団だとかえって目立ってしまい、敵に見つかりやすいという欠点があります。しかし、集団で敵を攻撃して、追いはらうこともできるのです。

▲巣に近づいたアオサギを追いだすソリハシセイタカシギ。

🌸 食べ物がとりやすくなる

群れの鳥が、いっせいに行動して魚を追いこむなど、それぞれが協力することにより、より多くの獲物をとることができます。また、ほかの鳥におどろいて飛びだした虫をつかまえるなど、1羽では見つけづらい獲物も、群れで探すと見つけやすいこともあります。

▲アメリカシロペリカンは、群れで効率よく魚を追いかける。

🌸 飛ぶのが疲れにくくなる

ガンやハクチョウ、ツルなどの大きな鳥は、よくV字型に隊列を組んで飛行します。飛行する鳥のななめ後ろは、空気のうずができ、空気抵抗をあまりうけない場所です。それぞれの鳥は、そのななめ後ろに位置することで、あまり力を使わなくても楽に飛ぶことができます。

▲V字型隊列で飛ぶハクガン。

🌸 結果的に集まった「群れ」

食べ物をもとめて、たくさんの鳥が集まり、結果的に大きな群れになることがあります。しかし、この場合はそれぞれの鳥が食べ物をとるために集まっただけで、おたがいが協力しあうこともないので、「群がり」とよび、群れとは区別します。

▶大量に発生したオキアミをもとめて集まった、ハシボソミズナギドリとクジラ。

カツオドリ科

カツオドリ目

Dr.カワカミのポイント！ カツオドリ科の特ちょうでいちばんおもしろいのは、鼻のあながないことだ。空中から真っ逆さまに水中へ飛びこんで魚をとらえるので、鼻のあなから水が入らないためと考えられている。大きな海鳥で、おもに熱帯から温帯の海でくらし、島で繁殖をする。あしゆびには水かきがあり、泳ぐのも得意だ。

アオツラカツオドリ 🇯🇵
日本では、尖閣諸島と小笠原諸島で繁殖しています。ふつう卵を2個産みますが、「兄弟殺し」のため1羽しか育ちません。■81〜92㎝ ■魚、イカ ■太平洋、大西洋、インド洋の熱帯・亜熱帯の海域

アオツラカツオドリの兄弟殺し
アオツラカツオドリは、1回の繁殖で卵を2個産みます。しかし、たいてい先に生まれたひなが、後から生まれたひなをつついて殺してしまいます。後から生まれたひなは、最初に生まれたひながすぐに死んだ場合の、そなえであると考えられています。

カツオドリ 🇯🇵
この鳥が群れている海上にいくと、カツオがとれたことから、カツオドリという名前がつきました。■65〜75㎝ ■魚、イカ ■太平洋、大西洋、インド洋の熱帯・亜熱帯の海域

シロカツオドリ
イギリスやアイスランド、カナダの海岸で、大集団をつくって繁殖します。■87〜100㎝ ■魚 ■北大西洋

■体長　■食べ物　■分布　🇯🇵日本で見られる

カツオドリ目
グンカンドリ科

Dr.カワカミのポイント！ グンカンドリのなかまは、とにかく横どりが専門！ 2mもある長い翼で飛びまわり、カツオドリなど、ほかの鳥がとった獲物を横どりする。軍艦という名は、黒い体の色や横どりする習性からつけられたんだ。オスは、赤いのどの袋を風船のようにふくらませ、求愛のディスプレイをおこなう。

オオグンカンドリ 🇯🇵
翼を広げると2m30cmにもなります。日本にも台風のあとに、若い鳥が姿を見せることがあります。●85〜105cm
●トビウオ、イカ ●太平洋、インド洋の熱帯・亜熱帯の海域

アメリカグンカンドリ
グンカンドリのなかまで、いちばん大きな種です。メキシコ沖やガラパゴス諸島、カリブ海などに生息しています。●89〜114cm ●トビウオ、イカ ●アメリカ、赤道付近の太平洋、カリブ海、大西洋の沿岸、アフリカ西部

長い子育て

グンカンドリのなかまの子育ては、とても長くかかります。卵をあたため、かえるまで50日、ひなが巣立つのに7か月、巣立ったあとも18か月も子どもの世話をしたという記録もあります。これは、鳥のなかで、もっとも長い子育てです。

▲オオグンカンドリ。

マメ知識 グンカンドリのなかまは、日本の南鳥島でも繁殖していましたが、絶滅してしまいました。

カツオドリ目
ヘビウ科

Dr. カワカミのポイント！ 細長い首を水面から出して泳ぐ姿は、まるでヘビ！ ヘビウという名前は、そんな様子からつけられたんだ。ウのなかまにとても似ているが、くちばしの先がするどくとがっている点が大きくちがう。細長い首がバネのようなはたらきをして、とがったくちばしで勢いよく魚をつきさす。

アメリカヘビウ
北アメリカのフロリダ半島や、南アメリカのアマゾン川流域の川や沼などで見られます。写真はとった魚を丸のみしようとしているところです。●81～91㎝ ●魚 ●北アメリカ南部、中央アメリカ、南アメリカ

●体長　●食べ物　●分布　●日本で見られる

カツオドリ目
ウ科

Dr.カワカミのポイント！ 潜水が得意なのがウのなかま！ 4本のあしゆびすべてに水かきがあり、力強く水をけってもぐることができる。ほとんどの種類が魚を主食としていて、先が曲がったくちばしで魚を引きよせてとらえる。羽毛は脂分が少なく、空気が入りにくくなっており、潜水するのに都合がいい。しかし、空を飛ぶときにはぬれた羽毛が重いとこまるので、翼を開いてかわかす習性がある。

ウミウ
日本周辺にしか繁殖地がありません。名前のとおり、おもに海岸で見られます。ウミウは岩に、カワウは木の上に巣をつくります。■約92cm ■魚 ■日本、ロシア、中国、朝鮮半島

カワウ
日本でもっともよく見られるウのなかまです。川や湖、波の静かな湾などにいます。ガンのように隊列を組んで飛びます。最近、日本で数がふえています。■80〜100cm ■魚 ■日本、ユーラシア大陸、アフリカ、オーストラリア

ズグロムナジロヒメウ
南アメリカのチリやアルゼンチン、フォークランド諸島の海岸にすんでいます。■68〜76cm ■魚、イカ ■南アメリカ南部

ヒメウ
日本では北海道の海岸で繁殖し、本州以南では冬に見られます。よくウミウといっしょにいます。■63〜76cm ■魚 ■太平洋北部沿岸

ガラパゴスコバネウ
ガラパゴス諸島のフェルナンディナ島とイサベラ島だけに生息します。翼が小さく、飛ぶことができません。約2000羽しかいない貴重な鳥です。■89〜100cm ■魚 ■ガラパゴス諸島

鵜飼い
首にひもをつけたウにアユをとらせる、鵜飼いという漁の方法があります。ウはのどをしばられていて、大きなアユはのみこめないようになっているので、はきだしたアユを漁師がとるのです。岐阜県の長良川のものが有名ですが、京都府の宇治川や広島県の三次など、日本各地でおこなわれています。日本ではウミウが使われますが、中国ではカワウを利用しています。

▲岐阜県長良川でおこなわれている鵜飼い。

タカ目
ヘビクイワシ科

Dr. カワカミのポイント！ ヘビクイワシ科の鳥は、アフリカにすむヘビクイワシしかいない！頭のかざり羽が特ちょうで、サバンナを歩きながらバッタやネズミ、ヘビなどを探し、長いあしを使ってしとめる。そして、2mもある大きな翼を広げて空を飛ぶ。巣は、アカシアの高い木の上につくる。

タカ目 ヘビクイワシ科、ミサゴ科、コンドル科

ヘビクイワシ
ヘビだけを食べているわけではなく、じっさいには、いろいろな小動物をあしでつかまえて食べます。
● 120〜150cm ● 昆虫、小型ほ乳類、は虫類 ● アフリカ

● 体長 ● 食べ物 ● 分布 ● 日本で見られる

タカ目 ミサゴ科

Dr.カワカミのポイント！ 魚専門のハンターがミサゴだ！空中から飛びこんで、あしで大型の魚をつかんでとらえる。そのため、目には水面からの光の反射をおさえる仕組みがあり、水中の魚がよく見えるようになっている。

◀あしには、するどいつめと、すべりどめになる、ぼつぼつしたうろこがついていて、つかまえた魚をのがしません。

ミサゴ 🇯🇵
海岸や大きな湖などにすんでいます。北極と南極、オーストラリアをのぞく世界中に分布しています。■55〜58㎝ ■魚 ■全世界（北極、南極、オーストラリアをのぞく）

タカ目 コンドル科

Dr.カワカミのポイント！ コンドルのなかまは、とにかくでかい！翼を広げると3m以上もあるものもいて、陸の鳥では最大級だ。また、頭にほとんど羽毛が生えていない。これらの体の特ちょうは、おもな食べ物が動物の死がいであることに関係している。大きな翼は、羽ばたかずに気流にのって長時間飛べるので、広い範囲で死がいを探すことができる。また、動物の死がいを食べると、血液が羽毛につき、掃除がたいへんになるから、だんだん羽毛がなくなっていったのだろう。

▲1羽ずつ番号がつけられ、保護されています。

カリフォルニアコンドル
もっとも絶滅が心配されている鳥です。1981年には野生に22羽がいるだけになり、保護活動がおこなわれた結果、現在では200羽以上に回復しています。■117〜134㎝ ■動物の死がい ■北アメリカ西部

コンドル
翼を広げると3m20㎝にもなります。羽ばたかずに気流にのって飛び、数百キロもはなれた場所まで獲物を探しに出かけます。■100〜130㎝ ■動物の死がい ■南アメリカのアンデス山脈

タカ目
タカ科

Dr. カワカミのポイント! タカのなかまは、南極をのぞく世界中にいて、なんと約250種もいる! 肉食の鳥で、種によってねらう獲物は決まっている。するどく曲がったくちばしで、獲物をとらえるように思えるが、実際にはとらえた獲物の肉を引きちぎるのに使うだけ。狩りはもっぱらあしを使う。長くするどいつめで引っかけたり、つかんだりして獲物をとらえるため、あしの力はとても強い。また、飛ぶスピードは速く、アクロバットのような複雑な飛行もできる。じつは、メスのほうが大きい種が多い。

オオタカ 🇯🇵
森林にすみ、鳥がおもな獲物です。最近では街の中でも見られることがあります。写真は、オオタカがコウライキジをとらえたところです。 ■48〜68.5㎝ ■鳥類、ほ乳類 ■日本、ユーラシア大陸、北アメリカ

■体長 ■食べ物 ■分布 ■日本で見られる

ハイタカ 🇯🇵
森林にすんでいます。オオタカに似ていますが、体が小さく、ねらう獲物も小鳥です。■28〜38cm ■鳥類 ■日本、ユーラシア大陸、アフリカ北部

トビ 🇯🇵
おもに死んだ動物を空中から探して食べます。トンビともよばれますが、日本での正しいよびかたは「トビ」です。■55〜60cm ■動物の死がい ■日本、ユーラシア大陸、アフリカ、オーストラリア

サシバ 🇯🇵
夏鳥として、本州以南の水田と雑木林がある里山で繁殖します。繁殖地が日本と中国東北部だけしかなく、数が減っています。秋に群れになって越冬地に渡る姿が見られます。■約46cm ■両生類、は虫類、昆虫 ■日本、中国（繁殖地）、南西諸島、東南アジア（越冬地）

タカ目 タカ科

チュウヒ
ヨシ原にすむタカです。翼をV字に広げてすべるように飛び、ネズミなどを探します。おもに冬鳥ですが、本州の一部で繁殖しています。■47〜55cm ■小型ほ乳類、鳥類 ■東アジア、東南アジア

ハイイロチュウヒ
冬鳥としてヨシ原に渡来し、おもに小鳥やネズミをねらいます。オスは美しい灰色ですが、メスは地味な茶色です。■43〜52cm ■鳥類、小型ほ乳類 ■日本、ユーラシア大陸、北アメリカ

ノスリ
草原などで、ネズミをねらいます。「野を擦る」ように低く飛ぶので、この名前がつきました。■50〜57cm ■小型ほ乳類 ■日本、ユーラシア大陸、アフリカ東部

ハチクマ
ハチが主食のタカです。地中にあるスズメバチなどの巣をほりだして食べます。■52〜68cm ■ハチ、昆虫、小型ほ乳類 ■日本、中国東北部（繁殖地）、東南アジア、インド（越冬地）

ツミ
小さなタカで、オスはヒヨドリくらいしかありません。スズメなどの小鳥がおもな獲物です。1980年ごろから街中でも繁殖するようになりました。■29〜34cm ■鳥類 ■日本、中国、朝鮮半島（繁殖地）、東南アジア（越冬地）

■体長 ■食べ物 ■分布 ■日本で見られる

チュウヒダカ
かかとの関節が逆方向にも曲がるので、木のあなの中にいる獲物のひなをとらえることができます。■約65cm ■小型ほ乳類、鳥類 ■アフリカ

タカ目 タカ科

オオワシ 🇯🇵 天然記念物

ロシアのオホーツク海沿岸にしか繁殖地がない、めずらしいワシです。北海道東部には越冬のため、数多く集まります。写真は、獲物の魚をめぐって、あらそっているところです。■85〜94cm ■魚、鳥類 ■日本、ロシア、朝鮮半島

🇯🇵 特別天然記念物

カンムリワシ

日本では、八重山列島で一年中見られます。カニやカエル、ヘビなどを食べます。■41〜76cm ■は虫類、両生類、カニ ■日本（八重山列島）、東南アジア、インド

イヌワシの兄弟殺し

日本のイヌワシは、たいてい卵を2個産みますが、巣立つのは1羽のみのことがほとんどです。これは、先に生まれたひなが、あとから生まれたひなをつついて殺してしまうからです。食べ物の豊富な外国のイヌワシでは、2羽とも巣立つことから、食べ物の量が兄弟殺しと関係しているのではと考えられています。カツオドリのなかまも同じ習性をもっています。

■体長 ■食べ物 ■分布 🇯🇵日本で見られる

オジロワシ 🇯🇵 天然記念物

大きなワシで、成鳥になると尾が白くなります。北海道で繁殖し、冬は本州などでも見られます。写真は、カモメの獲物を横どりするオジロワシです。🔴 69〜92cm
🔵 魚、鳥類 🟠 日本、ユーラシア大陸

イヌワシ 🇯🇵 天然記念物

外国では草原などにすみますが、日本では山岳地帯に生息しています。しかし、狩りは伐採地などの開けたところで、ノウサギなどをねらいます。
🔴 75〜90cm 🔵 ほ乳類、鳥類、は虫類
🟠 日本、ユーラシア大陸、北アメリカ

クマタカ 🇯🇵

森の奥にすんでいます。枝にとまって待ちぶせし、ノウサギやヤマドリなどをとります。
🔴 67〜86cm
🔵 ほ乳類、鳥類、は虫類 🟠 日本、中国南部

マメ知識 大きな種類をワシ、小さな種類をタカとよびますが、例外もあって、はっきりした区別はありません。

タカ目 タカ科

ハクトウワシ
おもに水辺にすむワシです。魚や鳥などを獲物にしています。アメリカ合衆国の国鳥です。 ■71〜96cm ■魚、鳥類、小動物 ■北アメリカ

エジプトハゲワシ
動物の死がいがおもな獲物ですが、ダチョウの卵に石を投げつけて割る習性があります。 ■58〜70cm ■動物の死がい、鳥の卵 ■西アジア、インド、地中海沿岸、アフリカ北部

シロエリハゲワシ
大きな翼で上空を舞って、動物の死がいを探します。ヨーロッパなどでは数が少なくなっており、保護活動がおこなわれています。 ■95〜110cm ■動物の死がい ■地中海沿岸、西アジア、北アフリカ

死んだアフリカゾウを食べに、数種のハゲワシが集まっています。ハゲワシのなかまの獲物の見つけかたは、においではなく目です。空高く飛びながら、地上で死んでいる動物を探します。そして、1羽が獲物を見つけて急降下すると、ほかのハゲワシもその様子に気づき、したいにたくさんの鳥が集まってくるのです。

■体長 ■食べ物 ■分布

ヒゲワシ
山岳地帯にすみ、大型ほ乳類の死がいを探します。骨が好物で、食べたものの85％が骨であったという記録もあります。
- 100〜115cm ／ ほ乳類（骨）
- ユーラシア大陸、アフリカ

オウギワシ
南米のジャングルにすむ、世界最強のワシのひとつ。直径2.5cmもある太いあしをもち、つめの長さは7cm、あしゆびを広げると25cmもあります。このがんじょうなあしで、木の上のサルをけおとしてとらえます。
- 89〜105cm ／ ほ乳類 ／ 中央アメリカ、南アメリカ

ハヤブサ科

ハヤブサ目

Dr.カワカミのポイント！ 猛スピードで空を飛び、鳥や昆虫をおそって食べる、それがハヤブサ科の鳥だ！　獲物をねらって急降下する速度は、時速200kmとも300kmともいわれる。するどく曲がったくちばしや、獲物をとらえるがんじょうなあしなどは、タカ科の鳥と同じだが、翼は細長く、先がとがっている点がちがう。これはハヤブサ科のほうが、タカ科よりも高速で飛ぶためだ。かつてはタカ目に分類されていたが、別のグループの鳥だということがわかった。タカと同じような暮らしを選んだために、似たような姿になったのだろうと考えられている。

ハヤブサ
海岸などの開けた場所にすみ、鳥を高速で追いかけてとらえます。がけの岩だなに巣をつくりますが、最近では、都市のビルで繁殖する例がふえています。　34〜50cm
鳥類　全世界（南極をのぞく）

チョウゲンボウ 🇯🇵
ひらひらした特ちょうのある羽ばたき方で飛びます。がけに巣をつくりますが、都市のビルの排気口や鉄橋のすきまを巣にすることもあります。長野県中野市の集団繁殖地は天然記念物です。写真はメスです。■32〜39㎝ ■鳥類、小型ほ乳類、昆虫 ■日本、ユーラシア大陸、アフリカ

カラカラ
死んだ動物がおもな食べ物です。草原など開けた場所にすみ、ほとんどの時間を地上で活動しています。■49〜59㎝ ■動物の死がい ■北アメリカ南部、中央アメリカ、南アメリカ

コチョウゲンボウ 🇯🇵
日本では、冬に水田などの開けた場所で見られます。高速で低空を飛び、小鳥をとらえます。■24〜33㎝ ■鳥類、小型ほ乳類 ■北半球

モモアカヒメハヤブサ
世界最小の猛きん類です。スズメくらいの大きさです。おもに昆虫を食べますが、ときにはトカゲもおそって食べます。■15〜18㎝ ■昆虫、トカゲ ■インド、ネパール、ミャンマー、タイ

チゴハヤブサ 🇯🇵
北海道と東北地方の一部で繁殖します。カラスが使い終わってすてた巣を利用して巣をつくります。■28〜36㎝ ■鳥類、小型ほ乳類、昆虫 ■日本、ユーラシア大陸、アフリカ

マメ知識 トンボのヤンマのことを「ゲンボー」とよぶ地域があり、チョウゲンボウの飛ぶ姿がヤンマに似ていることから、この名になったという説があります。

Dr.カワカミのびっくり！コラム❹
鳥の渡り

鳥のなかには、子育てする場所と冬をすごす場所がちがっていて、決まった季節になると飛んで移動をするものがいる。子育てをする場所を「繁殖地」、冬をすごす場所を「越冬地」とよび、そのあいだの移動を「渡り」という。どうして渡りをするかというと、それは食べ物がたくさんある場所にいつもいたいからだ。たとえば、ツバメは飛んでいる昆虫を食べるが、寒くなる冬には日本に飛んでいる昆虫がほとんどいなくなる。でも、南のあたたかい地域へ行けば、昆虫がたくさんいるので、ツバメは、秋になると南へ渡っていく。鳥は渡りという習性を身につけて、地球をダイナミックに移動して生きているんだ。

◀追跡のための機械のアンテナが見えるオグロシギ。機械は鳥の暮らしに影響がない、小型で軽いものが使われています。

◎あるハチクマの渡りルート

Higuchi ら（2005）より

◀くわしいことがわかったハチクマの渡りルート。ハチクマは日本で繁殖する夏鳥です。このハチクマは、長野県で繁殖期をすごし、インドネシアのジャワ島で越冬することがわかりました。また、秋と春ではちがう場所を通っていることもわかりました。

🌸 渡りを調べる

渡り鳥がどこから来て、どこへ行くのか、研究者によっていくつかの方法で調べられてきました。古くから、鳥のあしに金属製の足輪をつけて放す方法がおこなわれてきました。しかし、この方法では、放した場所と見つかった場所はわかるのですが、どこを通ったかはわからないという欠点があります。現在では、人工衛星を利用した機械で鳥を追跡する方法もおこなわれるようになり、いくつかの種では、くわしいルートがわかってきました。しかし、小さな鳥につけられるほど小型の機械はないので、多くの鳥の渡りルートや越冬地など、くわしいことは、いぜん、なぞのままなのです。

夏鳥と冬鳥

春に日本へ繁殖のために渡ってくる渡り鳥を、「夏鳥」といいます。夏鳥は、日本で子育てをして、秋になるとあたたかい南の越冬地へ移動し、また次の春にもどってきます。また、秋に日本へ越冬しにくる渡り鳥を「冬鳥」といいます。冬鳥は、日本より北の地域で繁殖をします。渡りをする距離や場所は、種によっていろいろです。

▲夏鳥のキビタキ。　▲冬鳥のマガン。

留鳥と旅鳥

渡りをしないで、一年中ずっと同じ場所にいる鳥を「留鳥」といいます。ただ、留鳥でも、一部が渡りをするものもいます。また、繁殖地が日本より北にあり、越冬地が日本よりも南にある鳥もいます。このような鳥を「旅鳥」といい、多くの場合、春と秋の2回、日本に立ちよっていきます。

▶留鳥のシジュウカラ。

◀旅鳥のオオソリハシシギ。

ノガン目
ノガン科

Dr.カワカミのポイント！ 草原や半砂漠地帯にすみ、歩きながら昆虫からトカゲ、植物の種までなんでも食べる！ そして、おかしなダンスをおどって、メスに求愛をするんだ。

アフリカオオノガン
大きいオスでは19kgもあり、飛ぶ鳥でもっとも体重が重いといわれます。写真は、求愛ダンスをおどっているオスです。■約120㎝ ■昆虫、小型ほ乳類、植物の種子 ■アフリカ

クイナモドキ目
クイナモドキ科

Dr.カワカミのポイント！ マダガスカル島にすむ飛べない鳥。ハトの体に長いあしをつけたような姿をしていて、どの鳥のなかまなのか、分類がよくわかっていない、なぞの鳥だ。

メスアカクイナモドキ
マダガスカル島の一部の乾燥した林にすみ、クモや木の実などを食べます。巣は木の上のほうにつくります。■約32㎝ ■昆虫、クモ、果実 ■マダガスカル島

ノガンモドキ目
ノガンモドキ科

Dr.カワカミのポイント！ 長いあしが特ちょうで、あまり飛ぶことはなく、地上を歩いて昆虫やトカゲなどを探して食べる。南アメリカにいて、アカノガンモドキとクロアシノガンモドキの2種がいる。ノガンよりも肉食性が強い。

アカノガンモドキ
南アメリカのブラジル東部からアルゼンチンにかけての草原にすんでいます。時速70㎞で走ることができます。■75～90㎝ ■昆虫、小型ほ乳類、は虫類 ■南アメリカ（ブラジル、アルゼンチン）

■体長 ■食べ物 ■分布

ジャノメドリ目
カグー科

Dr. カワカミのポイント!
ただ1種だけがニューカレドニアのグランドテール島の森にすむ。翼があるのに、飛翔する筋肉が発達していないため、ほとんど飛べない。分類が定まっておらず、以前はツルにちかいとされていた。青灰色の体は、森にすむ鳥ではとてもめずらしい。鼻のあなにはふたがあり、開け閉めができる。これはカグーだけがもつ仕組みである。

カグー
敵が近づいたときに、翼のしま模様を見せていかくします。「ワンワン」と、犬のような声で鳴きます。■約55cm ■土壌生物 ■ニューカレドニア（グランドテール島）

ジャノメドリ目
ジャノメドリ科

Dr. カワカミのポイント!
ジャノメドリ科の鳥は、中央アメリカから南アメリカの北部にすむジャノメドリの1種しかいない。熱帯雨林を流れる川や沼の上に張り出した枝に、巣をつくる。ふだんは、水辺でカエルやトカゲなどを探し、敵が近づくと木の枝へ飛んで逃げる。

ジャノメドリ
敵が巣に近づくと、卵やひなを守るために翼を広げ、模様を見せつけていかくします。ヘビの目のように見える模様（蛇の目）から、この名前がつきました。
■43〜48cm ■水生動物 ■中央アメリカ、南アメリカ

ツル目
クイナ科

Dr.カワカミのポイント！

クイナといえば、沖縄にすむ飛べない鳥のヤンバルクイナが有名！ 同じように、クイナ科の鳥には飛べないものが多い。北極と南極をのぞく全世界に約140種がおり、森林、湿地、草原などさまざまな場所にすんでいる。大きさも、スズメからカラスくらいまでとさまざま。基本的には地上で生活し、草かげなどにひそんでいることが多いので、観察しにくい鳥だ。

ヤンバルクイナ 🇯🇵 天然記念物
1981年に沖縄島で発見された鳥です。数が少なく絶滅が心配されています。
●約30cm ●昆虫 ●日本（沖縄島）

ヒメクイナ 🇯🇵
北海道や本州の中部地方より北で繁殖しますが、姿を見ることはあまりありません。写真はヨーロッパにいる亜種です。●約18cm ●水生昆虫 ●日本、ユーラシア大陸、アフリカ、オーストラリア、ニュージーランド

●体長 ●食べ物 ●分布 🇯🇵日本で見られる

シロハラクイナ 🇯🇵
沖縄県に留鳥として生息していますが、最近は本州でも繁殖記録があります。■約32㎝ ■昆虫、甲殻類、種子 ■日本、中国南部、東南アジア、インド

オオクイナ 🇯🇵
八重山諸島などで繁殖していますが、数は多くありません。■約24㎝ ■ミミズ、昆虫 ■日本、東南アジア、インド

ツルクイナ 🇯🇵
大型のクイナです。先島諸島に留鳥としてすみますが、そのほかの地域では、渡りのときにまれに姿を見られるていどです。写真は冬羽です。■約43㎝ ■昆虫、淡水巻き貝 ■日本、東南アジア、インド

ヒクイナ 🇯🇵
日本全国で繁殖しています。北海道や東北地方では夏鳥ですが、それ以外では留鳥です。数が減っています。■約22㎝ ■水生昆虫 ■日本、東南アジア、インド

バン 🇯🇵
オーストラリアをのぞく全世界の温帯と熱帯の地域で見られます。都市の公園の池でも観察できることがあります。肉がおいしく、鷹狩りの獲物として好まれました。■30～38㎝ ■昆虫、甲殻類、植物の葉や種子 ■全世界（オーストラリアをのぞく）

オオバン 🇯🇵
あしゆびが平たくなった弁足になっており、潜水が得意です。水中の水草をよく食べます。■約38㎝ ■植物の葉や種子 ■日本、ユーラシア大陸、アフリカ、オーストラリア

> **空を飛べないクイナ**
> クイナのなかまには、空を飛べない種が多く、そのほとんどが島にすんでいます。島には天敵となる動物がいないので、飛んで逃げる必要がなくなり、飛ばなくなったと考えられています。こうした空を飛ばないクイナの多くは、人間が島にもちこんだネコやネズミなどに食べられ、絶滅してしまったり、数が少なくなったりしています。

マメ知識 バンは、水田の番人をしているイメージから、名前がついたといわれています。

ツル目
ツル科

Dr.カワカミのポイント！ ツルはラッパのような大きな声で鳴く！ 大きな声で鳴くことができるのは、首が長く、声を発する気管がものすごく長いからだ。ツルはとても大きな鳥なので、子育てには広い土地が必要だが、安心してすめる場所がへっていて、絶滅の危険がせまっている種が多い。日本は世界有数のツルの生息地で、ツル全種のうち、半数ちかい7種が見られる。

タンチョウ 🇯🇵 特別天然記念物

北海道東部では繁殖し、一年中見られますが、中国東北部やロシアでは、朝鮮半島などに越冬のため渡ります。日本で見られるいちばん大きな鳥です。写真は求愛ダンスをおどっているところです。●約150cm ●魚、植物の種子 ●日本、中国、ロシア、朝鮮半島

▲はく息が白いタンチョウ。

出水のツル越冬地

鹿児島県の出水平野には、毎年10月から3月までナベヅルとマナヅルが越冬します。その数は、1万羽をこえており、これは長い期間おこなわれてきた地元の人々の保護活動による成果です。しかし、ひとつの場所にツルがたくさん集まりすぎると、伝染病などが発生した場合、ツルの数に大きな影響をあたえてしまう可能性があります。そこで、出水以外にもツルの越冬地をつくる計画が実行されています。

●体長 ●食べ物 ●分布 🇯🇵日本で見られる

クロヅル 🇯🇵

ヨーロッパでツルといえばクロヅルのことです。日本では、出水平野に数羽が毎年渡ってきます。🟥約115cm 🟦植物の根や種子、昆虫 🟧日本、ユーラシア大陸、アフリカ

アネハヅル 🇯🇵

渡りのときに、8000m級の山々が連なるヒマラヤ山脈を越えることで有名なツルです。🟥約90cm 🟦植物の種子、昆虫 🟧日本、ユーラシア大陸中央部、インド、アフリカ

ナベヅル 🇯🇵

中国東北部やロシアの大湿原で繁殖します。全世界のナベヅルの8割が、日本の出水平野で越冬しています。🟥約100cm 🟦水草、水生動物、植物の種子 🟧日本、中国、ロシア、朝鮮半島

マナヅル 🇯🇵

ナベヅルと同じように、中国やロシアの大湿原で繁殖し、出水平野で越冬します。朝鮮半島や中国で冬を越すマナヅルもいます。🟥約125cm 🟦水草、水生動物、植物の種子 🟧日本、中国、ロシア、朝鮮半島

🟢 **マメ知識** ナベヅルは、体の色がすすけた鍋底のような色に似ているので、その名がついたといわれています。

チドリ目

ミフウズラ科

Dr. カワカミのポイント！ 姿はまるでウズラだが、まったく別の鳥である！　分類が定まっておらず、かつてはツルのなかまとされていたが、遺伝子を調べた結果、カモメにちかいという説も出てきた。おもに地上で活動し、あまり飛ぶことはないが、危険がせまると、すばやく飛んで逃げる。

ミフウズラ 🇯🇵
鹿児島県や沖縄県の島で繁殖しています。ふつうの鳥と反対で、この鳥はメスが美しく、オスが地味な羽をもち、子育てをします。写真はメスです。●15〜17㎝　●植物の種子、昆虫　●日本、東南アジア、インド

チドリ目

イシチドリ科

Dr. カワカミのポイント！ 頭と目が大きいのが特ちょう！　目が大きいのは、夕方から夜間に活動するから。あしが長く、後ろ向きのあしゆびがなくなって前向きに3本だけなのは、おもに地上で生活しているからだ。乾燥した環境にすんでいるものが多い。

イシチドリ
昼間は茂みで休み、夕方になると行動を開始。昆虫やトカゲ、鳥の卵などを探して食べます。●40〜44㎝　●昆虫、は虫類　●ヨーロッパ、中央アジア、インド、北アフリカ

チドリ目

ミヤコドリ科

Dr. カワカミのポイント！ ミヤコドリ科の鳥は、二枚貝が大好物。長いくちばしで、砂の中にいる貝を探しだす。また、くちばしは、殻をこじあけやすいように、縦に細くなっている。北極や南極などをのぞき、全世界の海岸で見られる。

ミヤコドリ 🇯🇵
日本ではとてもめずらしい鳥でしたが、近年、東京湾などで、100羽以上が見られます。●約46㎝　●貝類　●日本、ユーラシア大陸、アフリカ、ニュージーランド

●体長　●食べ物　●分布　🇯🇵日本で見られる

チドリ目
レンカク科

Dr. カワカミのポイント!
水にうかぶスイレンの葉の上を歩く忍者みたいな鳥が、レンカクのなかまだ！ あしゆびとつめがものすごく長いので、体重が分散され、水にうかんだ葉の上にのってもしずまない。おもに熱帯の水辺に生息している。

ナンベイレンカク
パナマ、コロンビア、ブラジルなど、中央アメリカから南アメリカの熱帯地域の池や沼にすんでいます。翼に「翼づめ」という突起があります。■21〜25㎝ ■昆虫 ■中央アメリカ、南アメリカ

レンカク
夏羽の長い尾羽が特ちょうです。東南アジアやインドにいますが、まれに日本にも渡ってきます。■39〜58㎝ ■昆虫 ■日本、東南アジア、インド

チドリ科

チドリ目

> **Dr.カワカミのポイント!** チドリ科の鳥は、とにかく歩くのが得意！ 歩いては止まる、をくりかえす行動がよく見られる。後ろ向きのあしゆびがなく、前向きに3本だけなのは、地上を歩きやすくするためである。また、飛ぶのもうまく、先のとがった長い翼で1万kmにもなる長距離の渡りをするものもいる。南極をのぞく全世界の湿地、干潟、草原、河川など開けた環境に、およそ60種がくらしている。

ダイゼン 🇯🇵
写真は、ゴカイをつかまえたところです。ムナグロに似ていますが、干潟で多く見られます。日本でも越冬します。■27～31cm ■ゴカイ、カニ、昆虫 ■全世界の海岸（南極をのぞく）

ムナグロ 🇯🇵
夏羽は顔からおなかが黒い、中型のチドリです。春と秋の2回、渡りの途中に、水田や内陸の湿地で多く見られます。■23～26cm ■ゴカイ、カニ、昆虫 ■ユーラシア大陸東部、北極海沿岸（繁殖地）、東南アジア、オーストラリア（越冬地）、日本

▲あしゆびは前向きに3本です。

コチドリ 🇯🇵
日本ではおもに夏鳥ですが、越冬することもあります。砂浜や河原に巣をつくりますが、空き地でも繁殖することがあります。■14～17cm ■昆虫 ■日本、ユーラシア大陸、アフリカ

ハシマガリチドリ
ニュージーランドにすむ、くちばしの先が右に曲がったチドリです。石の下にいる昆虫を食べるのに都合がよいと考えられています。■20〜21㎝ ■水生昆虫 ■ニュージーランド

ケリ
繁殖地が、日本と中国の一部にしかありません。敵が巣に近づくと、けたたましく鳴きながらいかくします。■34〜37㎝ ■昆虫 ■日本、中国、東南アジア（越冬地）

イカルチドリ
本州、四国、九州の川の中流にある河原などで、一年中、見られます。繁殖地が、日本とその周辺にしかありません。■19〜21㎝ ■昆虫 ■日本、中国東部、インド、ネパール

タゲリ
日本では、おもに冬に渡ってきたものが水田で見られますが、本州の数か所で繁殖したこともあります。■28〜31㎝ ■昆虫、小動物 ■日本、ユーラシア大陸

シロチドリ
北半球の温帯地域に広く分布します。日本では、海岸の干潟、砂浜、埋め立て地などで見られます。左がメス、右がオスです。■15〜17.5㎝ ■昆虫、カニ ■北半球

メダイチドリ
日本では、春と秋の2回、海岸の干潟などで、渡りの途中の群れが見られます。■18〜21㎝ ■ゴカイ、水生動物 ■日本、ユーラシア大陸東部、カムチャツカ半島、インド洋の周辺の島、アフリカ、オーストラリア

チドリ目
シギ科

Dr. カワカミのポイント！ シギ科の鳥のおもしろい特ちょうは、バラエティーに富んだくちばしの形！これは、それぞれとる食べ物に合わせて、くちばしの形が進化してきたからだ。あしが比較的長いので、水の中に歩いて入ることができるが、泳ぐのは得意じゃない。おもに昆虫やゴカイ、カニなどの動物を食べている。小型のものは、バイオフィルムという微生物を食べていると考えられている。多くの種が北の寒い地域で繁殖し、冬は温暖な地域に渡る。日本は渡りの中継地で、エネルギーを補給する重要な場所である。チドリに似ているが、基本的に後ろ向きのあしゆびがある。

ウズラシギ
ムクドリくらいの大きさのシギです。干潟よりも、内陸の湿地や水田で多く見られます。■17〜22cm ■昆虫 ■シベリア北東部（繁殖地）、オーストラリア、ニュージーランド（越冬地）、日本

トウネン
スズメほどの小さなシギです。小さいので、その年に生まれたという意味で、当年という名前がつきました。■13〜16cm ■甲殻類、昆虫 ■シベリア北東部、アラスカ北部と西部の一部（繁殖地）、東南アジア、オーストラリア（越冬地）、日本

キョウジョシギ
短いくちばしで石をひっくり返し、食べ物を探す習性があります。■21〜26cm ■甲殻類、昆虫 ■北極海沿岸（繁殖地）、世界中の温帯から熱帯（越冬地）、日本

■体長　■食べ物　■分布　■日本で見られる

ミユビシギ 🇯🇵
砂浜の波打ちぎわを走りながら、食べ物を探します。日本では旅鳥、または冬鳥です。後ろ向きのあしゆびがありません。
🔴約21cm 🔵昆虫、甲殻類 🟠カナダ、ロシアなどの北極圏(繁殖地)、世界中の温帯から熱帯の海岸(越冬地)

シギとチドリの食べ物のとりかた
シギは、目に見えない泥や水の中の食べ物を、くちばしでさぐりながらとります。そのため、くちばしが細長くなっている種が多くいます。いっぽう、チドリは、「歩いては止まる」をくりかえしながら、目で見て食べ物を探します。ですから、チドリの目はとても大きいのです。

ハマシギ 🇯🇵
渡りの途中に干潟や水田に立ちよるほか、越冬もします。大きな群れは、何千羽にもなることがあります。🔴16〜22cm 🔵昆虫、ゴカイ 🟠北極海沿岸、カムチャツカ半島(繁殖地)、北半球の温帯から亜熱帯(越冬地)

ヘラシギ 🇯🇵
へらのようなくちばしを水中に入れ、左右にふって食べ物を探します。絶滅が心配されており、2010年時点で、世界で200つがいほどしかいないと考えられています。
🔴14〜16cm 🔵昆虫、水生動物 🟠ロシアのチュコト半島(繁殖地)、東南アジア、インド(越冬地)、日本

チドリ目 シギ科

キアシシギ 🇯🇵
干潟や水田などで、カニや昆虫をとります。日本には、春と秋の渡りの途中に姿を見せる旅鳥です。■23～27㎝ ■昆虫、カニ ■シベリア北東部（繁殖地）、東南アジア、ニューギニア島、オーストラリア（越冬地）、日本

アカアシシギ 🇯🇵
日本では、多くが旅鳥ですが、ごく少数が北海道東部で繁殖します。■27～29㎝ ■昆虫、甲殻類 ■日本、ユーラシア大陸（繁殖地）、東南アジアからアフリカまでの海岸（越冬地）

アオアシシギ 🇯🇵
日本には、春と秋の渡りの途中に姿を見せる旅鳥です。「チョーチョーチョー」と口笛のような特ちょうある声で鳴きます。■30～35㎝ ■昆虫、甲殻類 ■ユーラシア大陸（繁殖地）、東南アジア、アフリカ、オーストラリア（越冬地）、日本

ツルシギ 🇯🇵
夏羽は全身が真っ黒ですが、繁殖期が終わると地味な灰褐色になります。写真は、繁殖地でなわばりを主張するために鳴いているオスです。■29～32㎝ ■水生昆虫 ■ユーラシア大陸北部（繁殖地）、アフリカ、インド、東南アジア（越冬地）、日本

クサシギ 🇯🇵
北日本では旅鳥ですが、一部は越冬します。干潟にいることはあまりなく、水田や河川で見られることが多いシギです。■21～24㎝ ■水生昆虫、昆虫 ■ユーラシア大陸（繁殖地）、日本、東南アジア、アフリカ（越冬地）

■体長 ■食べ物 ■分布 🇯🇵日本で見られる

チドリ目シギ科

ダイシャクシギ 🇯🇵
下に曲がった長いくちばしで、カニやゴカイをとりますが、繁殖地では果実なども食べます。 ■50〜60㎝ ■カニ、ゴカイ、果実 ■ユーラシア大陸（繁殖地）、日本、東南アジア、インド、地中海、アフリカ（越冬地）

ホウロクシギ 🇯🇵
シギのなかまで最大です。下に曲がったくちばしをあなにさしこみ、カニをとるのが得意です。 ■53〜66㎝ ■カニ、昆虫 ■カムチャツカ半島、中国東北部（繁殖地）、オーストラリア、東南アジア（越冬地）、日本

チュウシャクシギ 🇯🇵
日本ではおもに、干潟や水田などで春と秋に見られますが、ときには磯や草原にいることもあります。 ■40〜46㎝ ■カニ、ゴカイ、昆虫 ■ユーラシア大陸、アラスカ（繁殖地）、南北アメリカ、アフリカ、東南アジア、オーストラリア（越冬地）、日本

■体長 ■食べ物 ■分布 🇯🇵日本で見られる

アマミヤマシギ 🇯🇵
世界でも奄美諸島だけで繁殖する、日本固有種のシギです。冬には沖縄諸島でも観察されます。
■ 34〜36㎝ ■ミミズなどの土壌生物 ■日本

ヤマシギ 🇯🇵
森にすむ夜行性のシギです。冬は、都市の公園で見られることもあります。目が頭の真横についていて、周囲を360度見わたせます。
■ 33〜35㎝ ■ミミズなどの土壌生物 ■日本、ユーラシア大陸

タシギ 🇯🇵
日本には冬鳥として渡ってきます。水田や川、池などに生息しています。■ 25〜27㎝ ■土壌生物、昆虫 ■ユーラシア大陸、北アメリカ（繁殖地）、日本、南アメリカ、アフリカ南部、東南アジア（越冬地）

オオジシギ 🇯🇵
繁殖地がほぼ日本にしかない、貴重なシギです。大声で鳴きながら飛び、急降下のときに尾羽を鳴らして、なわばりを主張します。■ 23〜33㎝ ■ミミズなどの土壌生物 ■日本（繁殖地）、オーストラリア（越冬地）

▲急降下するオオジシギ。

チドリ目
タマシギ科

Dr. カワカミのポイント！ タマシギは、オスとメスの役割がふつうの鳥と逆転しているへんな鳥だ！ 鳥はオスの色が美しく、メスが地味なことが多い。しかしタマシギは、メスが美しく、オスが地味。メスがオスに求愛するので、求愛の声を発する「鳴管」が発達しているのもメスなんだ。子育てもメスはまったくやらず、オスが卵をあたため、ひなの面倒をみる。

チドリ目 タマシギ科、セイタカシギ科、ヒレアシシギ科、ツバメチドリ科

タマシギ 🇯🇵
日本では、本州以南の湿地や水田で繁殖しています。夜に「コォーコォー」と鳴きます。
- 23〜28cm
- 昆虫、ミミズ、植物の種子
- 日本、インド、東南アジア、中国、アフリカ

▲タマシギのメス。

●体長 ●食べ物 ●分布 🇯🇵日本で見られる

チドリ目
セイタカシギ科

Dr. カワカミのポイント！
長～いあしで、深い場所にも歩いていくことができ、細長いくちばしで小さなエビやカニ、昆虫をとる。湖や干潟などにすむが、砂漠にできる池などに、大集団で繁殖する種もいる。

セイタカシギ 🇯🇵
日本では、かつてはとてもめずらしい鳥でしたが、1960年代以降は毎年見られるようになり、今では各地で繁殖しています。写真はメスです。🟥35～40㎝ 🟦甲殻類、昆虫、魚 🟧日本、ユーラシア大陸南部、アフリカ

ソリハシセイタカシギ 🇯🇵
上にそったくちばしを水中に入れ、左右に動かして食べ物をとります。日本にもまれにあらわれます。🟥42～45㎝ 🟦甲殻類、昆虫 🟧日本、ユーラシア大陸、アフリカ

チドリ目
ヒレアシシギ科

Dr. カワカミのポイント！
ヒレアシシギ科は、泳ぐのが得意だ！カイツブリのように、あしゆびは広がった弁足になっていて、水面をくるくる回転しながら泳ぎ、細いくちばしで動物プランクトンなどをとる。ヒレアシシギも、タマシギと同じくオスとメスの役割が逆転していて、メスのほうが美しい羽をもつ。

アカエリヒレアシシギ 🇯🇵
渡りの途中の群れが、海の上などで見られます。照明灯のあかりによってくる習性があります。🟥約19㎝ 🟦動物プランクトン 🟧北極海沿岸（繁殖地）、東南アジア、南アメリカ、アラビア半島南部（越冬地）、日本

チドリ目
ツバメチドリ科

Dr. カワカミのポイント！
ツバメチドリ科の鳥は、乾燥したところにすんでいる。チドリにちかいなかまだが、ツバメに似た姿をしている。これは、ツバメと同じように空を飛ぶのが得意だからだ。とても速いスピードで、ぶんぶん飛びまわる。

ツバメチドリ 🇯🇵
おもに中国の乾燥地帯にすんでいますが、ごく少数が日本でも繁殖します。
🟥約24㎝ 🟦昆虫 🟧日本、中国、インド、東南アジア、オーストラリア

Dr.カワカミのびっくり！コラム❺
羽毛のひみつ

ふわふわと軽い鳥の羽毛。現在、地球上にいる動物で、体に羽毛が生えているのは鳥だけだ。鳥が飛べるようになったのも羽毛が生えたから。また、ものすごく寒い北極や南極でくらしたり、つめたい海にもぐっても平気なのは羽毛があるおかげだ。いろいろなはたらきがある鳥の羽毛のひみつを紹介しよう。

羽毛の種類と働き

◎正羽

体の表面をおおっている大部分の羽が正羽です。正羽は、1本の羽軸の両側に、羽弁とよばれる部分があります。正羽には、翼の風切羽や尾羽、体の表面をおおう体羽などがあり、風切羽や尾羽は、飛ぶときに役立ち、体羽は、体の表面をなめらかにして空気抵抗を減らす役割や、水がしみこまないようにするはたらきがあります。

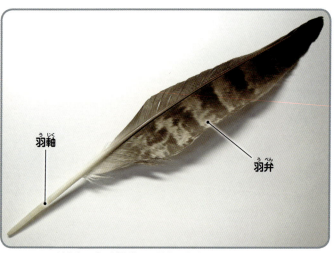

▲オオタカの風切羽。翼の風切羽は、外側の羽毛ほど羽軸がかたよっています。

▲チョウゲンボウの尾羽。中心に近い尾羽では、羽軸が中央にあります。

◎半綿羽

羽軸にやわらかい羽毛が生えているのが半綿羽です。体のふくらみをつくったり、暑さや寒さから体を守ったりします。

◎綿羽

羽軸がなく、やわらかい羽毛だけが生えています。暑さや寒さから体を守ります。

▲フクロウの半綿羽。

▲ハクガンの綿羽。

◎粉綿羽

サギのなかまやハトのなかまなどのかぎられた鳥にだけある、特殊な羽毛です。羽軸がなく、先のほうがこわれて、粉のようになります。防水性を高めたり、よごれをふせぐはたらきがあります。

▲粉になるまえのアオサギの粉綿羽。

◎羽毛は何枚ある?

大きな鳥は枚数が多く、小さな鳥は少ない傾向があります。

▲ノドアカハチドリの正羽と半綿羽は、約950枚。

▲コハクチョウの正羽と半綿羽は、約2万5000枚。

◎換羽

どんな鳥でも、1年に1回は羽毛がぬけかわります。これを換羽といい、ぬけかわる順番は種によって決まっています。また、ライチョウのように、羽毛がぬけかわることで、夏と冬で色ががらりと変化する種もあります。また、カモやツルなどでは、翼の風切羽がいっせいに換羽して、2週間ほど飛べなくなります。

▲頭が換羽中のハシブトガラス。

▲風切羽がぬけ、新しい羽がのびはじめているカルガモ。

◎体を守る羽毛

やわらかくてじょうぶな羽毛は、体をつつみこむようにたくさん生えています。それによって、外からの衝撃や寒さ、暑さ、雨などから体を守ります。ハトのなかまの尾羽はぬけやすく、タカなどにつかまれたときにぬけて、逃げることができます。また、羽毛によって、卵やひなを寒さから守ったりすることもできます。

▲尾羽を広げるカワラバト。ハトのなかまの尾羽はぬけやすい。

◎ディスプレイをつかもう

求愛や、敵をおどろかすときに使う特別な形になった羽もあります。とくに、求愛に使う羽をかざり羽とよび、大きく広げたり、ふるわせたりして、メスの気をひきます。

▶オシドリのかざり羽。イチョウの葉のような形をしているので銀杏羽とよばれます。

▼かざり羽を見せて求愛するオシドリのオス。

チドリ目
カモメ科 アジサシのなかま

Dr. カワカミのポイント！ 細長い翼のスリムな体型の鳥たちが、上空から水中の魚めがけてダイブ！　その様子が、魚のアジをつきさすように見えることから、アジサシという名前がついた。ただ、アジサシのなかまには、低く飛びながら、魚をくちばしでつまんでとる種もいる。多くが無人島で大集団をつくって子育てをする。地面に巣があるので、卵は地面の色とよく似ている。

セグロアジサシ
外洋性で、陸から数百キロはなれた沖まで、食べ物をとりにでかけます。背景の写真は、大集団で繁殖するセグロアジサシです。■36〜45㎝ ■魚、イカ ■全世界の熱帯・亜熱帯の島

クロハサミアジサシ
下のくちばしを水に入れて水面すれすれを飛び、くちばしにふれた魚をすばやくとらえます。そのため、のどの筋肉がとても発達しています。おもに夕方から夜に活動します。夜には小魚が水面近くまで上がってくるので、とりやすくなるためです。 🟥 41〜46㎝ 🟦 魚 🟧 北アメリカ南部、南アメリカ

アジサシ 🇯🇵
春と秋の2回、渡りの途中に日本に姿を見せます。コアジサシの群れにいることが多くあります。 🟥 32〜39㎝ 🟦 魚 🟧 ユーラシア大陸、北アメリカ（繁殖地）、東南アジア、南アメリカ、アフリカ、オーストラリア（越冬地）、日本

コアジサシ 🇯🇵
日本では、夏鳥です。砂浜や河原、埋め立て地などで集団繁殖しますが、最近数がとても少なくなっています。 🟥 22〜28㎝ 🟦 魚 🟧 日本、ユーラシア大陸（繁殖地）、東南アジア、オーストラリア、アフリカ（越冬地）

ベニアジサシ 🇯🇵
九州の有明海や、奄美大島以南で繁殖します。 🟥 35〜43㎝ 🟦 魚 🟧 日本、北アメリカ東岸、イギリス、東南アジア、オセアニア、アフリカ

クロアジサシ 🇯🇵
魚のほかにイカも食べます。小笠原諸島や先島諸島などで、集団繁殖します。 🟥 38〜45㎝ 🟦 魚、イカ 🟧 全世界の熱帯・亜熱帯の島

エリグロアジサシ 🇯🇵
夏鳥として、奄美大島以南の島で繁殖します。 🟥 34〜35㎝ 🟦 魚 🟧 日本、インド洋、太平洋の島

チドリ目
カモメ科 カモメのなかま

Dr. カワカミのポイント！ 海鳥の代表がカモメ！ ほとんどの種が、海岸の近くにいて、大海原のまっただなかで見ることはあまりない。また、内陸の湖や川に生息する種もいる。細長い翼を使ってじょうずに飛び、水面や波打ちぎわにある食べ物を探す。おもな食べ物は魚だが、動物の死がいやゴミなど、なんでも食べ、ほかの鳥の獲物を横どりしたり、卵やひなをとらえることも多い。繁殖地では、植物の果実を食べることもある。

ワライカモメ
鳴き声が人間の笑い声のように聞こえるので、この名前がつきました。アメリカ大陸にすむ鳥ですが、日本にも飛来した記録があります。39〜46cm 魚、甲殻類、昆虫 北アメリカ南部、中央アメリカ、南アメリカ北部

カモメ
冬鳥として、本州から九州の海岸に渡来します。数はあまり多くありません。外国では、海から遠くはなれた内陸にも生息しています。40〜46cm 魚、甲殻類、動物の死がい、昆虫 北半球

ユリカモメ
冬鳥として、日本に渡来します。頭が夏羽は黒く、冬羽では白くなります。日本にすむ鳥の繁殖地は、カムチャツカ半島です。37〜43cm 魚、甲殻類、動物の死がい 日本、ユーラシア大陸、アフリカ、北アメリカ東岸

体長 食べ物 分布 日本で見られる

セグロカモメ
北半球に広く分布するカモメです。日本には、冬越しにやってきます。■55〜67cm ■魚、動物の死がい ■北半球

ウミネコ
生息地が日本周辺にしかありません。青森県の蕪島や、山形県の飛島などの集団繁殖地は天然記念物です。■44〜47cm ■魚、動物の死がい ■日本、中国東部、台湾、朝鮮半島

オオセグロカモメ
北海道で繁殖しています。冬は、日本全国の海岸で見られます。貝を空から落として、割って食べることがあります。■55〜67cm ■魚、甲殻類、動物の死がい ■日本、ロシア、朝鮮半島

ミツユビカモメ
数少ない外洋性のカモメです。日本では冬鳥ですが、若鳥は夏でも知床半島などで見られます。■38〜40cm ■甲殻類、魚 ■太平洋、大西洋、北極海

チドリ目
ウミスズメ科

Dr.カワカミのポイント！ ウミスズメ科は、潜水が得意！ 水中で翼を羽ばたくように泳ぎ、220mの深さまでもぐった記録がある。もちろん飛ぶこともでき、かなりのスピードで一直線に飛ぶ。どの種も、北半球の温帯地域より北の海に分布している。海岸近くの岩場や草原で集団で子育てをし、ときには何十万羽の大集団になることもある。

カンムリウミスズメ 🇯🇵 天然記念物

日本周辺にしか生息していない貴重なウミスズメです。ウミスズメ科でもっとも南にいます。イラストは、無人島の岩場のすきまで子育てしている様子です。●約26cm ●動物プランクトン、魚 ●日本

ウミガラス
かつては、日本でも北海道の天売島などに大きな繁殖地がありましたが、現在では数羽が見られるだけです。外国には数万羽もの大繁殖地があります。
■38〜43cm ■魚 ■北太平洋、北大西洋

もぐる

飛ぶ

マダラウミスズメ
ウミスズメ科ではめずらしく、森林の樹木に巣をつくります。
■24〜26cm ■甲殻類、魚 ■西アリューシャン列島からアメリカ西海岸

ケイマフリ
名前はアイヌ語の「ケマフレ」に由来し、「赤い足」という意味です。北海道で繁殖します。
■約38cm ■魚 ■日本周辺、オホーツク海周辺

エトピリカ
北海道で繁殖していましたが、現在はごくわずかしかいません。名前は、アイヌ語で「美しいくちばし」という意味です。
■36〜41cm ■魚、甲殻類 ■北太平洋

ウトウ
北海道の天売島などに、大きな繁殖地があります。草原にあなをほって、子育てをします。
■35〜38cm ■魚 ■北太平洋

チドリ目
トウゾクカモメ科

Dr.カワカミのポイント！ 名前のとおり、盗賊のような鳥だ！ ほかの鳥を追いまわし、食べ物をはきださせてうばったり、ペンギンや海鳥の集団繁殖地の周辺で、卵やひなもねらう。また、自分でネズミなどをとることもある。北極や南極周辺にすむ種が多い。

チャイロオオトウゾクカモメ
南極周辺の島にあるペンギンやアホウドリの集団繁殖地にいて、卵やひなをねらいます。死んだ動物の肉も食べます。■52〜64cm ■鳥のひなや卵、動物の死がい ■南極周辺の島

トウゾクカモメ 🇯🇵
北極圏で繁殖し、南極に近い海で越冬します。渡りの途中に、日本でも見られます。■53〜56cm ■鳥のひなや卵、ネズミ ■北極圏、南半球、日本

シロハラトウゾクカモメ 🇯🇵
日本では、春に北上するシロハラトウゾクカモメが見られます。写真は、巣に近づいた人をいかくして頭にのったところです。
■53〜58cm ■鳥の卵、ネズミ、魚 ■北極圏、南半球、日本

■体長 ■食べ物 ■分布 🇯🇵日本で見られる

Dr.カワカミのびっくり！コラム❻
鳥の武器

おとなしいように思えるけど、鳥だって、ときには戦うこともあるんだ。メスや食べ物をとりあったり、なわばりをほかのオスから守るときや敵から身を守るときなどに戦うんだけど、そのとき、さまざまな武器を使う。なかには、毒をもつ鳥までいるんだ。では、そのユニークな鳥の武器を見てみよう。

🍁 くちばしやあしで戦う

多くの鳥が武器として使うのは、あしとくちばしです。あしがじょうぶな鳥は、するどいつめでつかみかかったり、けとばしたりします。とくに、キジ科の鳥のなかには、あしに"けづめ"という特別な突起があり、戦うときに使います。あしが短かったり、あまりじょうぶでない鳥は、くちばしでつついたり、かみついたりして攻撃します。

▼くちばしでかみつきあうヨーロッパハチクイ。あしが短いので、くちばしで戦います。

▲オオワシは、するどいくちばしをもちますが、戦うときは、するどいつめがあるあしで攻撃します。上が若鳥で、下が成鳥です。

▲オグロシギは、なわばりを守るために、長いあしでけりあって戦います。

▲ニワトリにある「けづめ」（丸印）。

🍁 翼でなぐる

ハクチョウやガンなどの大きな鳥の武器は、翼です。翼でなぐるように、相手に打ちつけます。オオハクチョウほどの大きな鳥になると、羽ばたく力が強いので、とても威力があります。また、絶滅したトキのなかまのクセニシビスは、翼の先の骨が太くてかたくなっており、このかたい部分を相手に打ちつけて戦ったのではないかと考えられています。

🍁 体に毒がある

毒をもつ鳥は、数種しかいません。とくに有名なのがニューギニア島にすむズグロモリモズです。この鳥の羽や筋肉などには毒があり、人間が手でさわるとやけるような痛みが走ります。これは敵に食べられないための武器で、派手な色の羽は、自分が毒をもっていることを知らせる効果があると考えられています。毒の成分をもつコガネムシのなかまを食べることで、毒を体にたくわえます。

▲オオハクチョウが、翼でたたきあって戦っています。

▲翼で戦うクセニシビス。

▶ズグロモリモズ。

サケイ目
サケイ科

サケイ目 サケイ科／ハト目 ハト科

ひなに水を飲ませる クリムネサケイのオス

サケイ科のオスの胸の羽毛は、水をふくみやすいつくりになっています。オスは、水たまりで胸の羽毛に水をすわせ、まだ飛べないひなのところに運び、水を飲ませます。

Dr. カワカミのポイント！ サケイのなかまは、ふつうは鳥がすめないような砂漠にいるかわった鳥だ！ 砂漠では、水を飲むのがたいへん。毎日、朝か夕方に水場へ飛んでいって、大量の水を飲むことで解決している。ときには水場までの距離が30㎞もはなれていることがあるのに、数少ない水場には、たくさんの鳥が集まる。ときには数千羽にもなることもある。

クリムネサケイ
オスには、胸に白と赤茶色の線がありますが、メスにはありません。■約28㎝ ■種子 ■アフリカ南西部

▲羽毛の水をすうひな。

サケイ
東アジアのゴビ砂漠などに分布しています。日本にまよってきたこともあります。■約40㎝ ■種子 ■東アジア、中央アジア

ノドグロサケイ
スペイン、北アフリカ、中央アジアなどの乾燥地帯にすんでいます。長い尾羽が特ちょうです。■31～39㎝ ■種子 ■ユーラシア大陸、アフリカ

■体長 ■食べ物 ■分布 ●日本で見られる

ハト目
ハト科

Dr.カワカミのポイント！ 北極や南極などの極端に寒いところ以外ならば、地球上のあらゆる場所に生息する、それがハトだ！ ハトのなかまは、とても種が多く、全世界におよそ300種もいる。大きさもスズメほどの小さなものから、カラスくらいあるものまでいろいろだ。胸を張った独特の姿をしているが、これは翼を動かす筋肉が発達しているため。力強く羽ばたき、かなりのスピードで飛ぶことができる。また、尾羽がぬけやすくできているのは、タカなどの敵につかまれたとき、ぬけて逃げやすくするためだ。

シラコバト 🇯🇵 天然記念物
写真は、イギリスで信号機に巣をつくってしまったシラコバトです。日本には、江戸時代にもちこまれたといわれるものが繁殖し、埼玉県などに生息しています。●30～32cm ●種子、果実 ●日本、ヨーロッパ、インド、中国

キジバト 🇯🇵
街中でふつうに見られる、もっとも身近なハトです。「デーデーポッポー」と鳴きます。●33～35cm ●種子、果実 ●東アジア、インド

カラスバト 🇯🇵 天然記念物
世界でも、日本と韓国の一部にしかいません。おもに本州中部以南の島にいます。種子や果実を求めて、島から島へ移動します。●37～43.5cm ●種子 ●日本、韓国

ハト目 ハト科／インコ目 インコ科

アオバト 🇯🇵
森にすむハトですが、ミネラルを補給するために、海水を飲みにいきます。📏約33㎝ 🍴果実 📍日本、台湾、中国南部

ハトのミルク
ハトの主食は種子や果物なので、ひなを育てるには栄養がたりません。そこで、ひなには、ピジョンミルクとよばれる特別なえさをあたえます。ピジョンミルクは、食道の先にある"そのう"の内側がはがれてできる、たんぱく質やミネラルなどの栄養豊富な液体です。

カワラバト 🇯🇵
北アフリカから中国まで、広く分布します。伝書鳩などの目的で飼育した鳥が、世界中で野生化しています。「ドバト」という名前でもよばれています。📏31〜34㎝ 🍴種子 📍日本、ユーラシア大陸、北アフリカ

ズアカアオバト 🇯🇵
台湾にすむ亜種は、名前のように頭が赤いのですが、奄美大島以南の島にすむ日本の亜種は、頭が赤くありません。📏約35㎝ 🍴果実 📍日本、台湾、フィリピン

キンバト 🇯🇵 天然記念物
先島諸島に留鳥として生息しています。森の中を歩いて、食べ物を探します。📏23〜27㎝ 🍴種子、果実 📍日本、東南アジア、インド、オーストラリア

112 📏体長 🍴食べ物 📍分布 🇯🇵日本で見られる

インコ目
インコ科

Dr.カワカミのポイント! インコのなかまのいちばんの特ちょうは、曲がったじょうぶなくちばしだ！かたい種子もかんたんに割ってしまうくらいの、すごいパワーがある。だから、くちばしをひっかけて木をよじ登るなんて技もできる。くちばしを使って木登りする鳥は、インコしかいない。あしゆびが前向き2本、後ろ向き2本なのも大きな特ちょう。このゆびは、強い力で物をつかむことができる。また、人間の言葉を教えると、しゃべることもできる。

オオハナインコ
緑色がオスで、赤がメスです。オスとメスで、まったく色がちがいます。 約43cm 種子 ニューギニア島

ホンセイインコ
インドやアフリカにすんでいますが、飼われていたものが野生化していて、東京でも見られます。 37～43cm 種子、果実 日本、インド、スリランカ、アフリカ

コンゴウインコ
おもに南アメリカのアマゾン川流域のジャングルにすむ、大きなインコです。 84～89cm 種子、果実 中央アメリカ、南アメリカ

セキセイインコ
オーストラリアの乾燥地帯にすみ、水場では大群になることがあります。 26～29cm 種子 オーストラリア

インコ目
フクロウオウム科

> **Dr.カワカミのポイント！**
> ニュージーランドで進化した、ふしぎなオウムのなかまだ！肉食ほ乳類がいない環境だったため、夜行性であったり、飛べなかったり、肉食だったりと、かわった進化をしてきた。

フクロウオウム
飛べない夜行性のオウムです。昼間は岩のすきまや倒木の下にかくれていて、夜間、地上を歩いて食べ物を探します。数がとても少なく、絶滅が心配されています。「カカポ」ともよばれています。 ●約64㎝ ●種子、果実、若葉 ●ニュージーランド

ミヤマオウム
ニュージーランドの山岳地帯にすみ、登山者の荷物などをいたずらすることで有名です。ヒツジをおそうこともあります。別名「ケア」ともよばれます。 ●約48㎝ ●種子、果実、動物の死がい ●ニュージーランド

ヤシオウム
熱帯雨林にすみ、ヤシの実をはじめ、いろいろな樹木の種子や果実を食べます。
●55～60㎝
●種子、果実
●ニューギニア島、オーストラリア

インコ目
オウム科

> **Dr.カワカミのポイント！**
> オーストラリアとニューギニア島にすむ、インコにちかい鳥がオウム科だ。インコに似ているが、カラフルな種はいない。だいたいが白や黒などの地味な色の羽をしている。頭に冠羽というかざり羽が発達していて、興奮したときなどに逆だてる。

ツメバケイ目
ツメバケイ科

Dr. カワカミのポイント！

ツメバケイでいちばんかわっているところは、主食が木の葉であること！　木の葉は消化が悪いので、ふつうは鳥の主食とならないが、食道の先にある"そのう"に微生物がいて、そのはたらきによって消化することができる。ただ、ものすごくたくさん食べなければならないので、そのうがとても大きく、飛ぶための胸の骨や筋肉が押されて小さくなり、あまり飛ぶことができない。ツメバケイ科の鳥は、南アメリカにすむツメバケイだけだ。かわった名前は、ひなの翼につめがあることからついた。

▲ひなの翼にあるつめ。

ツメバケイ
アマゾン川とオリノコ川の流域に生息しています。■62〜70cm
■葉　■南アメリカ

エボシドリ目
エボシドリ科

Dr. カワカミのポイント！

アフリカにすむエボシドリのなかまは、なぞが多い鳥だ！　まず、どんな鳥のなかまか、分類がよくわかっていない。キジにちかいという説や、カッコウにちかいという説などいろいろだ。また、体の色の緑と赤は、エボシドリ科しかない特殊な色素による。鼻のあなの位置や形が種類によってちがうが、なぜちがうのかまではわかっていない。森の中にすんでいて見つけにくく、その生態もよくわかっていないことが多い。

フィッシャーエボシドリ
ソマリア南部からタンザニア北部までの、海岸近くの森にすんでいます。■約40cm　■果実
■ソマリア、ケニア、タンザニア

ムジハイイロエボシドリ
写真は、砂浴びをしているところです。乾燥した林にすんでいます。■47〜50cm　■果実　■アフリカ南部

カッコウ目
カッコウ科

Dr.カワカミのポイント！ カッコウのなかまは、托卵といって、ほかの鳥の巣に卵を産みこみ、自分で子育てをしないずるい鳥として有名だ！ たしかに、日本のカッコウ、ツツドリ、ホトトギス、ジュウイチは托卵性で、子育てをいっさいやらない。それぞれ卵を産みこむ種（仮親）がだいたい決まっていて、仮親のすきをついて、卵を巣の中にひとつ産む。このとき卵をひとつだけ取りのぞいて、数がふえたことがばれないようにする。また、仮親が産んだ卵よりも早く卵がふ化し、先にかえったひなは、ほかの卵を巣の外に捨ててしまう。こうして巣をひとりじめして、仮親から世話してもらう作戦だ。しかし、こんな托卵の習性をもつものは、カッコウ科全体の40％くらいで、そのほかは、自分で巣をつくり、子育ても自分でおこなう。

▲ジュウイチの成鳥。

ジュウイチ 🇯🇵
日本には、夏鳥として渡ってきます。オオルリやコルリなどに托卵します。ひなは食べ物を親からもらうときに、翼をもちあげて黄色い部分を見せ、ほかにもひながいるように思わせ、よりたくさんの食べ物を得ようとします。

📏約32cm 🐛昆虫 🌏日本、東アジア（繁殖地）、東南アジア（越冬地）

ホトトギス
全国に夏鳥として渡ってきますが、北海道は南部にしかいません。よくウグイスに托卵します。■約28cm ■昆虫 ■日本、中国、朝鮮半島（繁殖地）、インド、東南アジア（越冬地）

オオミチバシリ
砂漠にすんでいます。敵から逃げるときは、飛ばずに猛スピードで走ります。ヘビやトカゲなどを食べます。■約56cm ■昆虫、トカゲ、ヘビ ■北アメリカ南西部

カッコウ
高原の鳥のイメージがありますが、平地でも見られます。オオヨシキリやモズなどに托卵します。日本では、夏鳥です。■約35cm ■昆虫 ■日本、ユーラシア大陸（繁殖地）、東南アジア、アフリカ（越冬地）

ズアオバンケン
アフリカ中央部から西部にかけての、乾燥した林にすんでいます。おもに地上でくらしています。■45〜52cm ■昆虫、カタツムリ、ネズミ ■アフリカ中央部・西部

ツツドリ
夏鳥として、日本全国の森に渡ってきます。8月すぎには、街中の公園でも南への渡りの途中のツツドリが見られます。センダイムシクイなどに托卵します。■約33cm ■昆虫 ■日本、ユーラシア大陸東部（繁殖地）、東南アジア、オーストラリア（越冬地）

◀カッコウとオオヨシキリの卵。左上がカッコウ。

そっくりな卵
カッコウのなかまの卵は、托卵する相手の卵と色や模様がそっくりです。これは産みこんだことを見やぶられないためですが、長い年月がたつと、しだいに見やぶられてしまうことがあります。じっさいに長野県ではホオジロにカッコウが托卵をしていましたが、見やぶられるようになり、托卵の相手をオナガにかえたと考えられています。

フクロウ目
フクロウ科

Dr. カワカミのポイント！ 丸い顔にならんだ大きな目。まるで人間のようなフクロウ科の顔は、ほかの鳥にくらべて、かなりへん！ これは夜間の生活に適応したから。顔の正面にある大きな目は、少しの光でも物が立体的に見え、獲物までの距離を正確に知ることができる。顔の丸く平たい部分(顔盤)が、パラボラアンテナのように音を集めるはたらきをし、かすかな音でも聞こえるので、真っ暗闇でも獲物をとらえることができる。

フクロウ 🇯🇵
北海道、本州、四国、九州に留鳥として生息しています。「ゴロスケ、ホッホ」と鳴き、「ホーホー」とは鳴きません。
🟥 43～62㎝ 🟦 小型ほ乳類、鳥類 🟧 日本、ユーラシア大陸

シロフクロウ 🇯🇵
北極圏で繁殖し、昼間も活動します。北海道では、ごく少数が冬に見られます。 🟥 55～70㎝ 🟦 小型ほ乳類、鳥類 🟧 北極圏、日本

🟥 体長　🟦 食べ物　🟧 分布　🇯🇵 日本で見られる

アオバズク
日本全国に夏鳥として渡ってきて、子育てをします。「ホッホッ」と、ふた声ずつ鳴きます。
27〜33cm／昆虫、鳥類／東アジア、東南アジア、インド

トラフズク
日本全国で見られ、東日本で繁殖しています。冬には、河川敷の樹木などに数羽が集まって寝ていることがあります。
35〜40cm／小型ほ乳類、鳥類／日本、ユーラシア大陸、北アメリカ

コミミズク
冬鳥として、全国のヨシ原や河川敷などの開けたところで見られます。
約37cm／小型ほ乳類、鳥類／日本、北アメリカ、南アメリカ、ユーラシア大陸、北アフリカとアフリカ中央部の一部

キンメフクロウ
日本ではめずらしい鳥でしたが、北海道で繁殖していることがわかりました。左右の耳の位置が上下に大きくずれています。
21〜28cm／小型ほ乳類、鳥類、昆虫／日本、ユーラシア大陸、北アメリカ

フクロウ目 フクロウ科、メンフクロウ科

オナガフクロウ
日中や朝夕の明るい時間に活動し、羽ばたくときに音がします。名前のとおり、長い尾羽が特ちょうです。■36〜39cm ■小型ほ乳類、鳥類 ■ユーラシア大陸北部、北アメリカ北部

カラフトフクロウ
針葉樹の森にすむ、大きなフクロウです。顔の平たい部分（顔盤）が大きく、聴力がひじょうに発達しています。■59〜69cm ■小型ほ乳類、鳥類 ■ユーラシア大陸北部、北アメリカ北部

天然記念物
シマフクロウ
北海道東部とロシアの一部などにすむ、世界最大級のフクロウです。おもに魚を食べます。■60〜72cm ■魚、ネズミ ■日本、極東ロシア、中国

リュウキュウコノハズク
鹿児島県奄美諸島や沖縄県琉球諸島、フィリピンの北部にだけ生息しています。昆虫などを食べます。■約20cm ■昆虫 ■日本（奄美諸島、琉球諸島）、フィリピン北部

アナホリフクロウ
草原にすみ、地中のあなに巣をつくる小さなフクロウです。名前とはちがいあなをほることはできず、プレーリードッグがほった巣あなを利用します。■19〜25cm ■昆虫 ■北アメリカ中西部、南アメリカ

■体長 ■食べ物 ■分布 ■日本で見られる

フクロウ目
メンフクロウ科

Dr.カワカミのポイント！ メンフクロウのなかまは、視覚よりも音をたよりに狩りをする！　だから、フクロウ科よりも、さらに「顔盤」とよばれる顔の平らな部分が発達している。メンフクロウという名は、顔盤のお面が発達しているフクロウという意味である。

メンフクロウ
納屋などの小屋に巣をつくり、農場にすむネズミなどをとらえます。たくさんの亜種がいて、熱帯地域の亜種は体が小さいものが多いです。●29～44cm ●小型ほ乳類 ●ヨーロッパ、アフリカ、インド、東南アジア、南北アメリカ

ヨタカ目
ヨタカ科

ヨタカ目 ヨタカ科、タチヨタカ科、ガマグチヨタカ科、アブラヨタカ科

Dr.カワカミのポイント！
飛んでいる姿がタカに似ていて、夜に行動するからヨタカという名前なのだ。このなかまは、くちばしは小さいが、目の下まで口がさけていて、ガバッと大きく開くのが特ちょう。この大きな口を開けながら飛びまわって、昆虫をとらえるのだ。昼間は木の枝の上などで休んでいるが、樹皮の色と同じような羽の色なので、敵に見つかりにくくなっている。

プアーウィルヨタカ
北アメリカの砂漠にいます。冬に体温をさげて冬眠をする、唯一の鳥です。●約17㎝ ●昆虫 ●北アメリカ

ラケットヨタカ
繁殖期になると、オスの風切羽の2本が、バドミントンのラケットのようにのびます。この羽をひらひらさせながら飛びまわり、メスに求愛します。●約20㎝ ●昆虫 ●エチオピア、ウガンダ、ケニア

ヨタカ 🇯🇵
夏鳥として九州以北に渡来します。「キョキョキョ」と大きな声で、連続して鳴きます。●約29㎝ ●昆虫 ●インド、東アジア、東南アジア

ヨタカ目
タチヨタカ科

Dr.カワカミのポイント！
昼間は、木の枝に化けているが……よく見るとタチヨタカ！木の枝をのばしたように、立った姿でとまっているので、よく見ないとまず見つからない。夜になると、大きな目を光らせて、獲物をねらうハンターに変身だ！

ハイイロタチヨタカ
枝先にとまって、近くに飛んできた昆虫を見つけると、飛び出して空中でつかまえます。●33～38㎝ ●昆虫 ●南アメリカ

 昼

 夜

●体長 ●食べ物 ●分布 🇯🇵日本で見られる

ヨタカ目
ガマグチヨタカ科

Dr.カワカミのポイント！ 口ががま口のように大きいからガマグチヨタカ！ このなかまは、インドからオーストラリアにかけて分布し、地上にいる昆虫やネズミ、カエル、トカゲ、カタツムリなどを食べる。ヨタカ科よりも、くちばしがずっとがんじょうにできている。

オーストラリアガマグチヨタカ
オーストラリアに広く分布し、森や公園、農耕地などでも見られます。■ 34～53cm
■昆虫、クモ、カエル ■オーストラリア

ヨタカ目
アブラヨタカ科

Dr.カワカミのポイント！ 大集団で洞窟にすみ、ヤシ科やクスノキ科の果実が大好物という、へんな鳥。ほかのヨタカ目の鳥とちがって、ホバリング（空中停止飛行）ができる。南アメリカの熱帯地域に1種だけが生息している。

アブラヨタカ
果実を食べる、唯一の夜行性の鳥です。自分の声の反響を利用して、暗闇でも物にぶつからずに飛ぶことができます。■ 40～49cm ■果実 ■南アメリカ

アマツバメ目
ハチドリ科

Dr.カワカミのポイント！ 小さな体で、ものすごい速さで羽ばたき、空中の一点に止まること（ホバリング）ができる。さらにバックもできる。それがハチドリのなかまだ！ 花の蜜を吸うのだが、とまる場所がないために、こんなアクロバットのような飛び方が必要なんだ。種によって、長さや曲がり具合のちがうくちばしをしているが、これは自分が蜜を吸う花の形にぴったり合っているからだ。花の蜜以外にも、クモや小さな昆虫も食べる。

ヤリハシハチドリ
くちばしの長さが11cmもあり、筒状の花の蜜を吸うのに適しています。■17～22cm ■花の蜜 ■南アメリカ北西部

マメハチドリ
世界最小の鳥です。オスは全長5cm、体重はわずか2gしかありません。■5～6cm ■花の蜜 ■キューバ

オオハチドリ
ハチドリのなかまで、いちばん大きな種です。アンデス山脈の高地に生息しています。■20～22cm ■花の蜜 ■南アメリカ西部

アマツバメ目
アマツバメ科

Dr.カワカミのポイント！ 鳥の中でいちばん空を飛ぶのがうまいのが、アマツバメのなかまだ。とにかくずっと空にいて、水を飲むのも、交尾をするのも、なんでも飛びながらおこなう。飛びながら寝ることができるというからびっくりだ。

オナガラケットハチドリ
南アメリカのペルーのごく一部にしかいない、めずらしいハチドリです。長い尾でメスに求愛します。■オス15～17㎝、メス11～13㎝ ■花の蜜 ■ペルー

◀ハリオアマツバメの尾羽。

ハリオアマツバメ 🇯🇵
尾羽の軸が、針のように先端から飛び出ています。時速130㎞もの速さで飛びます。■約20㎝ ■昆虫 ■東アジア、ヒマラヤ山脈、オーストラリア

アマツバメ 🇯🇵
夏鳥として、全国の海岸や高山に渡来し、巣は岩のすきまにつくります。■約18㎝ ■昆虫 ■東アジア、東南アジア、オーストラリア

ムラサキフタオハチドリ
オスの尾羽の長さは、15㎝もあります。メスの尾羽は長くありません。■オス約21㎝、メス約10㎝ ■花の蜜 ■コロンビア、エクアドル

▲アマツバメのなかまは、あしゆびが4本とも前向きになっている。

オオアナツバメ
カリマンタン島やマレー半島、スマトラ島などに生息しています。洞窟で繁殖するので、アナツバメとよばれます。■約14㎝ ■昆虫 ■東南アジア

食用になるアナツバメの巣
中華料理の高級食材として有名なツバメの巣は、アナツバメのなかまの巣です。アナツバメは、じぶんのだ液だけで巣をつくります。それを乾燥させたものが食用になるのです。最近では、ビルのなかでアナツバメを繁殖させて、巣をとることもおこなわれています。

キヌバネドリ目
キヌバネドリ科

カザリキヌバネドリ
ケツァールともよばれ、世界一美しい鳥といわれます。オスの長くのびた羽は尾羽ではなく、上尾筒という部分がのびたものです。■オス90〜120cm、メス約35cm ■果実、昆虫 ■中央アメリカ

Dr.カワカミのポイント！
金属のような、かがやく美しい羽毛をもった鳥！ 羽毛がとてもやわらかく、体にぴったりとすきまなく生えている。アフリカや中央アメリカ、南アメリカ、東南アジアに生息しているが、ジャングルのなかでは意外と目立たない。あしゆびの1本めと4本めが後ろ向きになっているのは、キヌバネドリのなかまだけの特ちょうだ。

ネズミドリ目
ネズミドリ科

Dr.カワカミのポイント！ アフリカにすむ、体長30cmほどの尾が長い鳥！ 原始的な鳥で、2200万年前の鳥類の化石とあまり姿がかわっていない。食べ物は、植物の葉や果実。「チューチュー」という声や茂みのなかをネズミのように動きまわる様子などから、この名前がついたと考えられている。羽毛の構造が特殊でボサボサしている。

シロガシラネズミドリ
体温が下がりやすく、気温が低いときには、何羽かでくっついてあたためあう行動をします。■約30cm ■葉、果実 ■ケニア、ソマリア

オオブッポウソウ目
オオブッポウソウ科

Dr.カワカミのポイント！ 世界で1種しかいない特殊な鳥！ ブッポウソウ目に入れられていたが、オオブッポウソウ目として独立した。マダガスカル島とコモロ諸島に分布する。

オオブッポウソウ
昆虫やトカゲを食べますが、カメレオンがいちばんの好物です。メスのほうが大きくなります。
■38〜50cm ■昆虫、は虫類 ■マダガスカル島、コモロ諸島

■体長 ■食べ物 ■分布

Dr. カワカミのびっくり！コラム❼
人間を利用する鳥

多くの鳥は、森とか海とか自然豊かなところでくらしている。ところが、スズメやツバメのように、人間のそばでないと見られない鳥もいる。また、ヒヨドリやハシブトガラスなど、もともとは森や林でくらしていた鳥が、生活の場を都市にうつしてきたものもいる。さらにびっくりなのは、チョウゲンボウやハヤブサといった猛きん類が街でも見られるようになってきたことだ。これらの鳥は、いったいどうして人間のそばでくらすようになったのだろうか？　それは、人間のそばが、安全で食べ物が多いから。鳥のなかには、人間の暮らしをじょうずに利用して生きているものがいるんだ。

🍁 人間はボディガード

世界中を見わたしても、ツバメの巣は、かならず人間がつくった建物にあります。そのほうがタカなどの敵が近づきにくく、人間をボディガードのように利用しているのです。また、ハクセキレイは、人通りの多い街路樹に集まって寝ることがあります。人間が多い場所は、フクロウなどが近づかないので、安心して眠ることができます。

▲寝るまえにビルに集まったハクセキレイ。

▲人間のそばで安心して子育てをするツバメ。

🍁 食べ物がとりやすくなる

人間の生活を利用すると、かんたんにはとれなかった食べ物がとれるようになります。アマサギは、水牛などの大きな動物のあとについていき、おどろいて飛びだしてきたカエルなどを食べる習性がありますが、最近では水牛のかわりにトラクターについていきます。また、写真のコサギは、釣り人のバケツにいる釣った魚を食べてしまいます。やさしい釣り人は、コサギを追いはらわないので、かんたんに魚をたくさん食べることができます。

🍁 ビルをがけに見立てる

チョウゲンボウは、ほんらいはがけに巣をつくりますが、最近ではビルをがけに見立てて巣をつくります。ビルは、がけのようにくずれる心配もなく安定していて、街のなかは獲物となる鳥も多くいるので、意外とくらしやすいのです。

▲釣り人のバケツの魚をねらうコサギ。

▲トラクターについていって食べ物を探すアマサギ。

▲ビルのテラスで子育てをするチョウゲンボウ。

ブッポウソウ目
ハチクイ科

Dr. カワカミのポイント! 飛びながら、ハチやトンボなどの昆虫を、細長いくちばしでパッとつかまえる。あしがとても短いのは、がけにほったトンネルを巣にしているからだ。森にすむものや小型のものは、単独で巣をつくるが、開けた環境にすむ大型のものは、何百羽も集まって集団繁殖をする。多くの種で、つがい以外に子育てを手伝う群れのなかま「ヘルパー」がいる。

ハチクイ
その名のとおり、ハチをよく食べる鳥です。つかまえたハチの腹を枝にこすりつけて、毒針をつぶしてから食べます。■約20cm ■昆虫 ■ニューギニア島、オーストラリア、インドネシア（スラウェシ島）

ヒメハチクイ
小型のハチクイで、単独で繁殖します。夜は体をあたためるため、数羽がくっついて寝ます。■約17cm ■昆虫 ■アフリカ

シロビタイハチクイ
10～20のつがいが集まって子育てします。ひとつの巣に、多いときは5羽のヘルパーがいます。■約23cm ■昆虫 ■アフリカ

ヨーロッパハチクイ
ヨーロッパ南部などで繁殖し、冬はアフリカに渡ります。つがいは一生同じです。■約28cm ■昆虫 ■ヨーロッパ、西アジア（繁殖地）、アフリカ南部（越冬地）

ミナミベニハチクイ
100～1000つがいもの大集団で繁殖します。巣あなの深さは、ときには3mをこえます。■24～27cm ■昆虫 ■アフリカ

■体長 ■食べ物 ■分布 ■日本で見られる

ブッポウソウ目
ブッポウソウ科

Dr. カワカミのポイント! がんじょうなくちばしが特ちょう! ユーラシア大陸南部、アフリカ、オーストラリア、東南アジアに分布している。日本には、ブッポウソウの1種だけが夏鳥として、本州以南に渡ってくる。見晴らしのよい枝にとまり、トンボやセミなどの大型昆虫を発見すると、パッと飛んでいって空中でとらえる。

ブッポウソウ 🇯🇵
大木がある神社や、低い山の林に生息しています。カタツムリの殻や貝殻をひなに食べさせて、食べた昆虫を筋胃ですりつぶすのに使うと考えられています。 ■27〜32cm ■昆虫 ■東アジア、東南アジア、オーストラリア

姿のブッポウソウと、声のブッポウソウ

ブッポウソウは、昔は「ブッ、ポー、ソー」と鳴くと思われ、その名がつきました。じっさいには、コノハズクというフクロウのなかまの鳴き声なのですが、夜に鳴くため姿が見えず、同じような場所でよく見られるブッポウソウの声とかんちがいして名づけられたといわれています。そのため、コノハズクは「声のブッポウソウ」、ブッポウソウは「姿のブッポウソウ」ともよばれます。ちなみにブッポウソウは、「ゲゲゲゲッ」としか鳴きません。

マメ知識 日本のブッポウソウは、とても数が少なく、電柱や鉄橋などに巣箱をかける保護活動がおこなわれています。

ブッポウソウ目
カワセミ科

Dr.カワカミのポイント！

カワセミのなかまの特ちょうは、大きなくちばし！ 魚やカエル、トカゲ、昆虫などの小動物をとらえるのに、大きなくちばしが必要なんだ。あしも、とてもかわっていて、2本のあしゆびが途中からくっついている。これは巣あなをほるとき、スコップのように土をかきだすのに役に立つ。

カワセミ 🇯🇵
水中に飛びこんで魚をつかまえます。一時期は数が減りましたが、最近では都市でも見られます。川岸のがけなどにあなをほって、巣をつくります。
🔴約16cm 🔵魚 🟠日本、ユーラシア大陸、東南アジア、アフリカ

🔴体長 🔵食べ物 🟠分布 🇯🇵日本で見られる

アカショウビン
森にすんでいます。地上に飛びおりて、カエルや昆虫、ときにはヘビなどもつかまえます。土でできたシロアリの巣にあなを開けて、巣をつくることがあります。●約25cm ●昆虫、カニ、カエル、ヘビ ●日本、朝鮮半島、東南アジア

ヤマセミ
おもに山地の川で見られます。興奮すると立てる頭の冠羽は、8cmもあります。
●41〜43cm ●魚 ●日本、中国

ヤマショウビン
日本ではなかなか見ることができない、めずらしい鳥ですが、島根県と長崎県では繁殖した記録があります。●約28cm ●昆虫 ●日本、朝鮮半島、中国、東南アジア、インド

ワライカワセミ
鳴き声が人間の笑い声のように聞こえるので、この名前がついています。トカゲやヘビなど、地上にいる小動物はなんでも食べます。●39〜42cm ●昆虫、は虫類 ●オーストラリア

131

サイチョウ目
ヤツガシラ科

Dr. カワカミのポイント! 頭にアメリカ先住民の首長のようなかざり羽（冠羽）が生えている！ 興奮すると、扇のように冠羽を広げるが、すぐにとじてしまう。おもに地上を歩いて、大型昆虫の幼虫やさなぎをとらえる。ユーラシア大陸やインド、東南アジア、アフリカなど、とても広く分布している。

サイチョウ目 ヤツガシラ科、ジサイチョウ科、サイチョウ科

ヤツガシラ 🇯🇵
日本ではあまり見られない鳥ですが、長野県などでは繁殖した記録があります。 ■26〜32cm ■昆虫 ■日本、ユーラシア大陸、東南アジア、インド、アフリカ

サイチョウ目
ジサイチョウ科

Dr. カワカミのポイント!
アフリカのサバンナや、樹木がまばらな林にすむ。おもに地上を歩きながら、食べ物を探す鳥だ！ これまではサイチョウ科に入れられていたが、最新の分類では、ジサイチョウ科として独立した。

ミナミジサイチョウ
地上を歩きながら、動物の死がいやヘビ、ネズミなどを食べます。夜、寝るときは木の枝にとまります。とても大きな声で鳴くので、5kmはなれたところまで聞こえることもあります。 ■90〜100cm ■動物の死がい、小動物 ■アフリカ南東部

■体長 ■食べ物 ■分布 🇯🇵日本で見られる

サイチョウ科

サイチョウ目

Dr. カワカミのポイント！ 巨大なくちばしの上に大きな突起があり、まるでサイの角のように見える！ だからサイチョウというんだ。ただし、この突起はすべてのサイチョウ科の鳥にあるわけではない。突起の中は空洞で、鳴き声を反響させて、大きな声を出すことができると考えられている。東南アジアやアフリカの熱帯雨林やサバンナにすむ。サイチョウが果実を食べ、ふんをすることによって、樹木の種が広範囲にまかれるため、サイチョウは、森をつくる重要な役割をはたしている。繁殖期に、メスが樹洞の巣の中にとじこもる、かわった習性がある。

▶飛ぶオオサイチョウ

アカコブサイチョウ
インドネシアのスラウェシ島と、その周辺の島にしかいません。メスは、卵を産んでからひなが巣立つまで、巣の入り口をふんでふさいでしまいます。70〜80㎝ 果実、昆虫 インドネシア（スラウェシ島）

オオサイチョウ
サイチョウのなかまでは最大種です。羽ばたくときにとても大きな音をたてます。95〜105㎝ 果実、昆虫 東南アジア、インド

アカサイチョウ
フィリピンの森にすむ、大型のサイチョウです。くちばしの上の突起ができあがるまで6年かかります。60〜65㎝ 果実、種子 フィリピン

キツツキ目
オオハシ科

キツツキ目 オオハシ科、ミツオシエ科

Dr. カワカミのポイント！ 中央アメリカから南アメリカの熱帯雨林にすむ鳥。巨大なくちばしが、自分の体と同じくらい大きい種もいる。くちばしはまた、とてもカラフルで、おそらく求愛のときに利用するのだろう。オスとメスの色は、ほぼ同じである。おもな食べ物は果実で、大きなくちばしで器用につまみとって食べる。ほかにも、昆虫や鳥の卵などを食べることもある。巣は、樹木のあなの中につくる。

サンショクキムネオオハシ
もっともカラフルなくちばしをもっています。英名では、Rainbow-billed toucan（虹色のくちばしのオオハシ）ともよばれています。
■46〜51cm ■果実 ■中央アメリカ

●体長 ●食べ物 ●分布

イタハシヤマオオハシ
コロンビアとエクアドルのごく限られた地域にしか分布していません。標高1300〜2500mの山の森にすんでいます。
■46〜51㎝ ■果実 ■南アメリカ

コシアカミドリチュウハシ
体が緑色をしたミドリチュウハシ類の一種です。アンデス山脈の標高300〜2200mの山の森にすんでいます。
■40〜45㎝ ■果実 ■南アメリカ

オニオオハシ
オオハシのなかまで最大です。くちばしの長さは20㎝以上もありますが、はばはせまく、とても軽いつくりになっています。■55〜61㎝ ■果実 ■南アメリカ

チャミミチュウハシ
おもにアマゾン川の上流にある、湿地の森にすんでいます。
■43〜47㎝ ■果実 ■南アメリカ

キツツキ目
ミツオシエ科

Dr.カワカミのポイント！ ハチの巣の内側の壁（蜜ろう）を食べる、とてもかわった鳥だ！　あしゆびが前向きに2本、後ろ向きに2本など、キツツキと同じ特ちょうをもっている。ミツオシエというかわった名前は、ノドグロミツオシエなどが、人間やラーテルという動物にミツバチの巣の場所を教えて、巣をこわさせ、あとから蜜ろうを食べる習性からついた。すべての種が托卵性で、キツツキやハチクイの巣に卵を産みつける。

ノドグロミツオシエ
アフリカに生息しています。蜜ろうのほかに、ハチの幼虫や卵も食べます。
■19〜20㎝
■蜜ろう、ハチの幼虫や卵
■アフリカ

キツツキ目
キツツキ科

Dr.カワカミのポイント！ キツツキといえば、だれもが知っているとおり、木をつついてあなをあける鳥だ。くちばしは、大工道具の"のみ"のようにするどくて、かたい木の幹でもけずることができる。また、木の幹に垂直にとまるのも、キツツキのなかまの得意技だ。あしゆびのいちばん外側のゆびが横向き、または後ろ向きについているので、幹をがっちりつかむことができる。尾羽は、中央の2枚がかたくしっかりとしていて、幹に押しつけて体を支える。アリをよく食べる種が多いのも特ちょうだ。アリは毒をもっているため、多くの鳥はあまり食べないんだ。

ドングリキツツキ
ほかのキツツキのように木をつついて食べ物を探さず、ドングリをおもに食べます。幹にあなをあけて、ドングリをたくわえる習性があり、多いものでは5万個のあながあいていました。　約23cm　ドングリ類、昆虫　北アメリカ西部、中央アメリカ

ヤマゲラ
北海道で見られます。アオゲラと似ていますが、腹の模様がありません。　26〜33cm　昆虫、果実　日本（北海道）、ユーラシア大陸

コゲラ
日本最小のキツツキです。都市の公園などでも見られます。日本と朝鮮半島、中国東北部にしかいません。　約15cm　昆虫、果実　日本、朝鮮半島、中国東北部

アカゲラ
北海道と本州に生息し、四国にもごくわずかにいます。　20〜24cm　昆虫、果実　日本（北海道、本州、四国）、ユーラシア大陸

アオゲラ
日本の固有種ですが、北海道と沖縄にはいません。都市の公園などでも見られます。　約30cm　昆虫、果実　日本（本州、四国、九州）

オオアカゲラ 🇯🇵
奄美大島以北の森にすんでいますが、数はあまり多くありません。 ■23〜28cm ■昆虫、果実 ■日本、ユーラシア大陸

アリスイ 🇯🇵
長い舌を使ってアリを食べます。東北地方より北で繁殖し、それより南では冬に見られます。渡りをするキツツキはとてもめずらしいです。 ■約17cm ■昆虫（アリ） ■日本、ユーラシア大陸、アフリカ

コアカゲラ 🇯🇵
日本では、北海道にのみ生息しています。ユーラシア大陸に広く分布しており、たくさんの亜種がいます。 ■約16cm ■昆虫 ■日本（北海道）、ユーラシア大陸

クマゲラ 🇯🇵 天然記念物
大きな黒いキツツキです。日本では、北海道と東北北部で繁殖します。おもにアリを食べます。 ■45〜55cm ■昆虫（アリ）、果実 ■日本、ユーラシア大陸

マレーミツユビコゲラ
東南アジアの森にすむ、ものすごく小さなキツツキです。おもにアリを食べます。尾がとても短いです。 ■約9cm ■昆虫（アリ） ■東南アジア

ミユビゲラ 🇯🇵
あしゆびが3本しかありません。北海道で、ごく少数が繁殖しています。 ■20〜24cm ■昆虫、果実 ■日本、ユーラシア大陸

サバクシマセゲラ
北アメリカの砂漠にすんでいて、大きなハシラサボテンに巣をつくります。写真はメスです。 ■21〜24cm ■昆虫 ■北アメリカ南西部

ノグチゲラ 🇯🇵 特別天然記念物
沖縄島北部にしかいない、世界的に希少な鳥で、絶滅が心配されています。よく地上で虫をとります。 ■31〜35cm ■昆虫、果実 ■日本（沖縄島）

Dr.カワカミのびっくり！コラム❽
鳥の卵

鳥は、卵を産んでふえる。卵というと、白くて丸いものと思っているかもしれないが、それはニワトリの卵だろう。鳥の卵は、種によって色や形はさまざまなんだ。また、卵を産む数も種によって決まっている。ここでは鳥の卵のひみつについて、いろいろと紹介しよう。

🌱 卵形のなぞ

多くの鳥の卵はだ円形で、一方がとがっている形をしています。いったいなぜ、こんな形をしているのか、いろいろな説がありますが、代表的なのが、「転がり落ちない説」です。卵が転がったとき、とがったほうを中心にせまい範囲を回るので、巣から落ちないようになっているという考えです。とくにウミガラスの卵は、洋梨のような形をしていて、これは落ちる危険が高いがけに巣があるため、こんな形になったと考えられています。反対に土のトンネルを巣にするカワセミは、卵が落ちる心配がないので、球にちかい形をしています。

▲落ちる心配のない巣のカワセミの卵は丸い。

▲洋梨のような形のウミガラスの卵。

▲がけの巣に卵をひとつ産むウミガラス。

🌱 卵の殻のひみつ

鳥の卵は、かたい殻におおわれています。殻は乾燥から中身を守り、有害なバクテリアなどの侵入をふせぐはたらきをします。鳥の卵の殻はこわれやすいイメージがありますが、生物の卵のなかで、もっともかたくなっています。とくにダチョウの卵は、殻の厚さが2㎜もあり、ものすごくかたくてじょうぶです。これは親鳥が卵をあたためるときに、100kg以上ある体重で乗っても割れないためです。殻は炭酸カルシウムでできているので、酢につけておくと、とけてなくなってしまいます。

🌱 卵を産む数

鳥が一度に産む卵の数は、種によってだいたい決まっています。アホウドリのなかまは1個、シジュウカラでは7〜10個、もっとも多いといわれるヨーロッパヤマウズラが25個です。なぜ、数が決まっているのか、その理由は、「親が育てることができるひなの数」であるとか、「卵をあたためられる数」など、いろいろな説があります。しかし、産んだ卵をひとつだけ残して、次に産む卵を取りのぞいていくと、どんどん卵を産んでいく習性があります。ニワトリが毎日のように卵を産むのは、この習性が利用されているからです。

▲人が乗っても割れない、ダチョウの卵。
▶酢で殻がとけたニワトリの卵。なかの黄身がすけて見えます。

▲マユグロアホウドリは卵を1個しか産まない。
▶シジュウカラは、10個も産む。

卵の色

鳥の卵は、白だけでなく、いろいろな色や模様がついています。白い色だと目立ってしまい敵に食べられてしまうので、見つからないように色や模様がついたと考えられています。しかし、なかには、どうしてその色なのかわからない卵もあります。

❶草の色とそっくりなムナグロの卵。
❷チョコレート色のウグイスの卵。
❸エミューの卵は、最初はこい緑色でしだいに黒くなり、最後は白っぽくなります。なぜ、色がかわるのかはわかっていません。
❹ハシボソガラスの卵はエメラルドグリーンで、木もれ日の光のなかで目立ちません。

大きな卵、小さな卵

鳥の卵でいちばん大きいのはダチョウです。写真のものは、長径17.5cm×短径14.5cm、重さは1.6kgもあります。いちばん小さな卵は、マメハチドリで長径1.1cm×短径0.8cm、重さは0.3gしかありません。

◀鳥類最大のダチョウの卵。

◀アオノドハチドリの巣と小さな卵。

スズメ目
コトドリ科

Dr. カワカミのポイント！
歌っておどれるアイドル歌手みたいな鳥だ！20分もつづくオスのさえずりは、ほかの鳥の鳴きまねを組み合わせてできている。ベテランは、15種類の鳴きまねができるというからびっくりだ。さらに自分のなわばりのなかに、10か所ほどのおどり場をつくり、尾羽を頭の上までたおして、奇妙なダンスをおどってメスに求愛する。

スズメ目 コトドリ科、ヤイロチョウ科、マイコドリ科

コトドリ
オーストラリア南東部の、ユーカリの巨木が生える森にすんでいます。おもに地上にいて、土の中の小さな生きものを食べます。スズメ目最大の鳥です。約103cm／昆虫、土壌生物／オーストラリア

スズメ目
ヤイロチョウ科

Dr. カワカミのポイント！
ヤイロチョウのなかまは、オスもメスもとてもカラフル！ 尾羽がとても短く、丸っこい姿が愛らしい。また、あしが長いのは、いつも地上にいるからで、歩いて土の中のミミズや昆虫などを探して食べている。

ヤイロチョウ
夏鳥として、四国や九州、長野県などで繁殖します。世界的に数が少ない鳥です。約19cm／昆虫、ミミズ／日本、中国（繁殖地）、カリマンタン島（越冬地）

体長／食べ物／分布／日本で見られる

スズメ目
マイコドリ科

Dr.カワカミのポイント! 中南米の熱帯雨林にすむマイコドリ科のオスの求愛ダンスは、びっくりの一言だ! ものすごい速さで飛んで枝から枝を行ったり来たりしたり、2羽のオスがペアでくるくると舞ったり、翼を超高速で羽ばたかせて奇妙な音を発するなど、鳥とは思えない動きでメスに求愛をする。

シロクロマイコドリ
超高速で枝から枝を往復し、羽で「パチッ」という音を発して求愛します。●約11㎝ ●果実、昆虫 ●南アメリカ北部と東部

キガシラマイコドリ
一本の枝に、数羽のオスが集まって求愛ダンスをします。●約8㎝ ●果実、昆虫 ●南アメリカ北部

ハリオマイコドリ
オスは背中の羽を広げ、枝の上を行ったり来たりして求愛します。「ハリオ」とは針のように細い尾羽のことで、この羽毛でメスののどをくすぐります。●約11.5㎝ ●果実、昆虫 ●南アメリカ北部

キガタヒメマイコドリ
1秒間に107回ものスピードで翼を羽ばたかせ、特殊な形の羽軸をこすりあわせて音を発し、求愛します。●約10㎝ ●果実、昆虫 ●アンデス山脈のコロンビアからエクアドルのごく一部

セアオマイコドリ
2羽のオスが共同してダンスをおどって、メスに求愛をします。●約12㎝ ●果実、昆虫 ●南アメリカ(アマゾン川流域)

スズメ目
ニワシドリ科

スズメ目 ニワシドリ科、オオハシモズ科、サンショウクイ科

Dr.カワカミのポイント！
ニワシドリ科のオスは、おどろくべき芸術家だ！　小枝を組んで高さ2mもある塔をつくったり、色とりどりの果実や花を集めて美しい庭をつくる。この庭は、巣ではなく、ただメスに求愛するためだけのもの。メスが来ると、オスはダンスをおどって求愛する。メスに気に入ってもらえるかどうかは、庭とダンスのできにかかっているのだ。

チャイロニワシドリ
直径2m、高さ1mもある、小枝でできたドームをつくり、そのまわりに色とりどりの果実や花をかざります。写真は、チャイロニワシドリがつくった巨大な庭です。●約25㎝　●果実、昆虫　●ニューギニア島

オウゴンニワシドリ
小枝をつみあげた塔をふたつつくり、塔のあいだをむすぶ止まり木をつくります。大きいものでは高さ3mにもなります。●約25㎝　●果実、昆虫　●オーストラリア北東部

アオアズマヤドリ
小枝で垣根のようなものをつくり、青いものでそのまわりをかざります。左がオス、右がメスです。●約33㎝　●果実、昆虫　●オーストラリア東部

オオニワシドリ
垣根のようなものを小枝でつくり、まわりにカタツムリの殻をたくさん集めます。右がオスです。●約35㎝　●果実、昆虫　●オーストラリア北部

ハバシニワシドリ
葉の裏面を上にして、地面にしきつめてかざり、メスに求愛します。●約27㎝　●果実、昆虫　●オーストラリア北東部

●体長　●食べ物　●分布　🇯🇵日本で見られる

スズメ目
オオハシモズ科

Dr.カワカミのポイント！ 色や形、とくにくちばしの形が、種によってじつにさまざまなため、ちょっと同じなかまには思えない。しかし、遺伝子（DNA）を調べた結果、すべて同じなかまであることがわかったからおどろきだ。大昔、マダガスカル島に渡ってきたオオハシモズの祖先が、利用できる環境や食物に合わせて体を進化させた結果、現在のさまざまな姿になったと考えられている。

ハシナガオオハシモズ
細長いくちばしを木のあなに差しこみ、中にいる昆虫をかきだして食べます。
■約32cm ■昆虫 ■マダガスカル島

ヘルメットオオハシモズ
大きなくちばしで、大型昆虫やカメレオンなどを引きさいて食べます。■28〜31cm ■昆虫、カメレオン ■マダガスカル島

アカオオハシモズ
巣には子育てを手伝うヘルパーがいて、敵が来ると協力して巣を守ります。■約20cm ■昆虫 ■マダガスカル島

スズメ目
サンショウクイ科

Dr.カワカミのポイント！ 南アジア、オーストラリア、アフリカなどの森にすむ小鳥だ。白や黒の地味な色のものが多いが、なかには赤と黒の派手なものもいる。ほとんどが渡りをしないが、本州で見られるサンショウクイは、夏鳥として渡ってきたものだ。

サンショウクイ
鳴き声が「ヒリリヒリリ」と聞こえることから、からいサンショウの実を食べて鳴いているという意味で、この名前がつけられました。じっさいには、サンショウは食べません。■約18cm ■昆虫 ■東アジア、東南アジア

スズメ目
モズ科

スズメ目 モズ科、オウチュウ科、モズヒタキ科、カササギヒタキ科

Dr. カワカミのポイント！

"小さな猛きん"ともよばれるモズのなかまは、カエルやトカゲ、昆虫などをおそって食べる鳥だ。ときには、自分の体よりも大きなツグミをおそうこともある。くちばしの先がするどく曲がっていて、獲物をしとめる武器になる。また、とらえた獲物を木の枝などにさしておくこともする。これは「はやにえ」とよばれ、保存食であるとか、自分のなわばりの目印であるとか、さまざまな説がある。

オオモズ 🇯🇵
北半球に広く分布し、冬に少数が日本で見られます。モグラをよく食べます。写真は、ネズミを「はやにえ」にしたところです。
■約25cm ■小動物 ■北半球

チゴモズ 🇯🇵
日本や朝鮮半島、中国の一部など、比較的せまい範囲で繁殖します。日本では数がとても減っています。■約18cm ■昆虫 ■日本、朝鮮半島、中国（繁殖地）、東南アジア（越冬地）

オオカラモズ 🇯🇵
日本で見られるモズのなかで最大です。冬に湿地や河原などの開けたところで見られますが、数はあまり多くありません。
■約30cm ■小動物 ■日本、中国、朝鮮半島

モズ 🇯🇵
日本全国で見られますが、世界的にみると東アジアにしかいない貴重な鳥です。求愛するときに、ほかの鳥の声の鳴きまねをします。■約20cm ■小動物 ■東アジア

アカモズ 🇯🇵
夏鳥として中部地方より北に渡ってきて子育てをしますが、近年、数が激減しています。
■約20cm ■小動物 ■東アジア（繁殖地）、インド、東南アジア（越冬地）

■体長 ■食べ物 ■分布 🇯🇵日本で見られる

スズメ目
オウチュウ科

Dr. カワカミのポイント！
アフリカやアジア、オーストラリアの熱帯や亜熱帯の地域にすむ鳥のなかま。全身真っ黒や灰色の種がほとんどで、飛んでいる昆虫を食べている。

オウチュウ 🇯🇵
沖縄の島などで、まれに見られましたが、最近は日本海の島などでも観察記録がふえてきています。 ■約30cm ■昆虫 ■日本、中国、東南アジア、インド

スズメ目
モズヒタキ科

Dr. カワカミのポイント！
モズヒタキのなかまは、東南アジアやオーストラリア、ニューギニア島などの森にすむ小鳥だ。あつくがんじょうなくちばしをもっているのが特ちょうで、なかには先がかぎ状に曲がっている種もいる。

ズグロモリモズ
ニューギニア島の森にすんでいます。羽毛などに毒があります。 ■約23cm ■果実、昆虫 ■ニューギニア島

スズメ目
カササギヒタキ科

Dr. カワカミのポイント！
カササギヒタキ科の鳥は、日本には、サンコウチョウの1種がいるだけ。アジア、アフリカ、オーストラリアの熱帯地域に多くのなかまがいる。サンコウチョウのように尾羽が長いのは10種ほどで、スズメくらいの大きさの種が多い。

サンコウチョウ 🇯🇵
繁殖地が日本と朝鮮半島にしかなく、夏鳥として本州以南に渡ってきて子育てをします。近年、数が激減しています。 ■オス約45cm、メス約17.5cm ■昆虫 ■日本、朝鮮半島（繁殖地）、東南アジア（越冬地）

スズメ目
カラス科

🔸 Dr. カワカミのポイント！
カラスはみんな真っ黒だと思ったら大まちがいだ！　真っ黒なのは全体の約3分の1で、それ以外は白黒だったり、カケスのように美しい色のものもいる。世界のあらゆる場所に進出し、カラスのなかまがいないところは、南極と南アメリカの一部くらいしかない。雑食でなんでも食べ、知能が高いと考えられている。求愛やなわばりを宣言する、明確なさえずりがないのも、このなかまの大きな特ちょうだ。

コクマルガラス 🇯🇵
ハトくらいの大きさの、白黒のカラスです。日本では冬、ミヤマガラスの群れにまざっている姿がよく見られます。■34〜36cm ■昆虫、種子 ■東アジア

ズキンガラス
ハシボソガラスにきわめてちかい種で、同種という説もあります。分布が重なる地域では、雑種ができることもあります。写真は、キアシセグロカモメの食べ物をうばおうと攻撃しているところです。
■48〜54cm ■動物の死がい、昆虫、果実、種子 ■ユーラシア大陸西部

ハシボソガラス 🇯🇵
田んぼや畑などの開けたところでよく見られます。地上をよく歩き、植物の種や小動物を探して食べます。■48〜53cm ■昆虫、種子、カエル ■日本、ユーラシア大陸東部から中央部、ヨーロッパ

ハシブトガラス
本来は森にすむ鳥ですが、都市でくらすものもいて、ゴミをあらして問題になります。雑食ですが、肉や果実を好みます。■46～56cm
■動物の死がい、果実 ■東アジア、インド

針金ハンガーの巣
都市で繁殖するハシブトガラスやハシボソガラスは、針金製のハンガーを巣の材料として使います。針金製のハンガーは、枝などに引っかかるので巣がつくりやすいうえ、とてもがんじょうなのです。ハンガーを使うのは、巣の土台になる外側の部分だけで、卵を置く巣の内側は、草やシュロの樹皮などのやわらかい素材でつくります。

ミヤマガラス
冬になると大群で渡ってきます。九州がおもな越冬地でしたが、1990年ごろから全国で見られるようになってきています。■44～46cm
■昆虫、種子 ■日本、ユーラシア大陸

カレドニアガラス

ニューカレドニアの森にすむカラスです。道具を使うことで有名です。🔴40〜43cm 🔵昆虫、果実 🟠ニューカレドニア

スズメ目 カラス科

▼枝を使って、幹の中のカミキリムシの幼虫をとろうとしています。

ルリカケス 🇯🇵 天然記念物

世界で、鹿児島県の奄美大島とその周辺の島にしかいない、めずらしいカケスです。🔴約38cm 🔵昆虫、果実 🟠日本（奄美大島、加計呂麻島、請島）

カケス 🇯🇵

屋久島より北の、全国の森に生息しています。鳴きまねがとてもじょうずで、いろいろな鳥の声をまねます。🔴32〜36cm 🔵昆虫、果実 🟠日本、ユーラシア大陸

ホシガラス 🇯🇵
高山にいるカラスです。ハイマツの松ぼっくりから実をとりだして食べ、たくわえることもします。🔴 32～34㎝ 🟠種子 🟧ユーラシア大陸の寒帯・亜寒帯

オナガ 🇯🇵
本州に生息していますが、西日本では見られません。関東地方では街中でも群れが見られます。🔴約37㎝ 🟠昆虫、果実 🟧東アジア

カラスの知的行動
カラスのなかまは、とても知能が高いと思われる行動を見せます。たとえば、ハシボソガラスは、かたい巻き貝を空から道路に落として割ったり、クルミをゆっくり走る自動車のタイヤにひかせて割る行動が見られます。また、ニューカレドニアのカレドニアガラスは、木の枝や葉で道具をつくり、くちばしではとどかないところにいるカミキリムシの幼虫やナメクジをとります。

▲クルミを道路に置くハシボソガラス。

カササギ 🇯🇵
日本では、九州北西部などの一部の地域にしか生息していません。七夕の伝説では、自分たちの体をつなげて天の川に橋をかけるとされています。豊臣秀吉の朝鮮出兵の際に、日本にもちこまれた外来生物と考えられています。🔴46～50㎝ 🟠昆虫、小型ほ乳類、果実 🟧日本、ユーラシア大陸

Dr.カワカミのびっくり！コラム⑨ ディスプレイ

インドクジャクのオスが羽を広げたり、タンチョウが優雅なダンスをおどったりするのを、動物園やテレビで見たことがあるかな？

特ちょう的な羽を広げてふるわせたり、奇妙な動作をくりかえしたり。こんな行動をディスプレイというんだ。とにかく目立つことをして、相手にアピールすることがディスプレイの目的。いちばん多いのが、オスがメスに対して求愛するときにおこなうディスプレイ。また、敵が近づいたときにディスプレイをして、ビックリさせて追いはらうこともある。わざと傷ついたふりをして、卵やひなから敵の注意をそらす「擬傷」という行動も、ディスプレイのひとつだ。

🍁 敵をおどろかせるディスプレイ

▲翼を大きく広げ、模様を見せていかくするカグー。

▲トラフズクのひなは、翼を広げて敵をいかくします。

▲翼をもちあげていかくするコブハクチョウのオス。

▶翼を広げていかくするアリスイ。

🍁 傷ついたふりをして、敵の注意をそらすディスプレイ

▲けがをしている演技（擬傷）をするコチドリ。

▼傷をおったふりをするムナグロ。巣の卵やひなから敵を遠ざけます。

🌸 オスがメスに求愛するときのディスプレイ

▶かざり羽を広げて求愛するインドクジャクのオス。

▲尾羽をメスに見せつけるコウライキジのオス。

◀ユーモラスなコアホウドリの求愛ダンス。

▲求愛のポーズをとるホオジロガモのオス。

◀尾羽をピンと立てている、スズメの求愛ポーズ。

🌸 オスとメスが求愛ダンスをおどるディスプレイ

▲息もぴったりな、カンムリカイツブリの求愛ダンス。

▲ダチョウの求愛ダンス。右がオスで、左がメス。

スズメ目
フウチョウ科

スズメ目 フウチョウ科、レンジャク科

Dr.カワカミのポイント！

鳥のなかで、もっとも美しくはなやかな鳥たちだ！ オスは、さまざまなかざり羽をもつものが多く、かざり羽を広げたり、ダンスをおどったりしてメスに求愛をする。羽が広がった求愛中のオスは、どこが頭かわからないほどかわった姿になる。いっぽう、メスは地味な色でかざり羽もない。子育てはメスだけでおこなうので、地味な色は敵に見つからないためだ。カラスと共通の祖先をもつと考えられている。

コフウチョウ
高い木の上に、数羽のオスが集まり、かざり羽を広げてメスに求愛します。●約32㎝ ●果実、昆虫 ●ニューギニア島

コウロコフウチョウ
オスは枝の上で、翼をバンザイのように広げ、交互に動かして求愛します。●約25㎝ ●果実、昆虫 ●オーストラリア北東部

カタカケフウチョウ
ニューギニア島の中央部の、標高1000〜2300mの森にすんでいます。オスは、のどの青く光るかざり羽を見せて、メスにアピールします。●約26㎝ ●果実、昆虫 ●ニューギニア島

●体長 ●食べ物 ●分布 ●日本で見られる

アカミノフウチョウ
頭の青いところには羽毛が生えていません。ニューギニア島の西にある、ワイゲオ島とバタンタ島に生息しています。●約16cm ●果実、昆虫 ●ニューギニア島

ヒヨクドリ
オスは、枝にとまって翼を広げて、のけぞるような求愛ダンスをおどります。●オス約16cm、メス約19cm ●果実、昆虫 ●ニューギニア島

カンザシフウチョウ
オスは、地上につくったおどり場でかざり羽を広げて、ふらふら歩くようなダンスでメスに求愛します。ニューギニア島北西部の標高1100～1900mの森に生息しています。●約26cm ●果実、昆虫 ●ニューギニア島

スズメ目
レンジャク科

Dr.カワカミのポイント！
レンジャクのなかまは、とにかく果実が大好き！ 子育てのとき以外は、いつも果実を食べている。日本には、キレンジャクとヒレンジャクが、冬鳥として渡ってくるが、なかなか見ることはむずかしい。それは、ふつう渡り鳥は、毎年同じ場所に渡ってくるので、観察しやすいが、レンジャクの場合はそうとは限らないからだ。とにかく大好きな果物を探して動いているので、北のほうで果物が豊富であればそこにとどまってしまい、南へは行かなくなってしまう。だから、日本にまったく渡ってこない年もあるくらいだ。

キレンジャク
尾羽の先が黄色いのが特ちょうです。本州の中部地方より北に多く渡ってきます。●約20cm ●果実、昆虫 ●北半球の温帯から寒帯

ヒレンジャク
尾羽の先が赤いレンジャクです。西日本で多く見られます。●約18cm ●果実、昆虫 ●日本、ロシア、中国、朝鮮半島

スズメ目
シジュウカラ科

スズメ目 シジュウカラ科、ツリスガラ科

Dr.カワカミのポイント！ 林の中を活発に動きまわる小鳥が、シジュウカラのなかまだ！ 小さな体をいかして、枝先にぶら下がり、昆虫やクモ、植物の実などを見つけて食べる。幹にあいたあなに巣をつくり、巣箱もよく使う。渡りをしないものが多い。

ヤマガラ
樹木の種子が好きで、あしで押さえながら割って食べます。シイの実などを、土の中や幹の割れ目などにたくわえる習性があります。 ■12〜14㎝ ■昆虫、種子 ■日本、朝鮮半島

■体長 ■食べ物 ■分布 ■日本で見られる

スズメ目
ツリスガラ科

🔶 **Dr.カワカミのポイント！** ツリスガラのなかまのおもしろい特ちょうは、巣のつくり方だ。その名のとおり、木の枝につるすように巣をつくる。日本にはツリスガラが越冬しにくるだけなので、残念ながら巣は見られない。かつてはとてもめずらしい鳥だったが、1970年ごろから西日本でよく見られるようになった。一時は関東地方まで進出したが、2011年現在はあまり見られなくなった。

シジュウカラ 🇯🇵
街中でもよく見られます。オスは、腹の黒い線がメスより太いことで見分けられます。🟥 12.5〜14㎝ 🟦昆虫、木の実 🟧東アジア

コガラ 🇯🇵
山の森にすんでいます。自分でかれ木にあなをあけて、巣をつくります。🟥 11〜12㎝ 🟦昆虫、種子 🟧日本、ユーラシア大陸

ヒガラ 🇯🇵
針葉樹の林に多くいます。小さな体で枝先を動きまわります。🟥 10〜12㎝ 🟦昆虫、種子 🟧日本、ユーラシア大陸

ハシブトガラ 🇯🇵
北海道の森に一年中すんでいます。コガラに似ていて、見分けがむずかしいです。🟥 11〜12㎝ 🟦昆虫、種子 🟧東アジア、ヨーロッパ

ツリスガラ 🇯🇵
ヨシ原にすんでいて、するどくとがったくちばしでヨシの茎をさき、中の昆虫を食べます。🟥約11㎝ 🟦昆虫、種子 🟧日本、ユーラシア大陸

スズメ目
ツバメ科

Dr. カワカミのポイント！ 身近な鳥のなかで、もっとも空中生活に適応した鳥が、ツバメのなかまだ。先がとがった長い翼と長い尾羽で空中を自由自在に飛びまわり、飛んでいる昆虫をキャッチして食べる。そのため、くちばしは短くて小さいが、口を大きく開けられるようになっている。また、水を飲むのも水浴びをするのも、飛びながらおこなう。

ツバメ
夏鳥として鹿児島県の種子島より北に渡来し、繁殖します。ごく少数は冬も日本にいます。奄美大島や沖縄では旅鳥です。巣は人工の建物にしかつくりません。写真は、飛びながら水を飲んでいるところです。●約18㎝ ●昆虫 ●全世界（極地と砂漠をのぞく）

リュウキュウツバメ
奄美大島より南の島に一年中すんでいます。ツバメよりも小さく、尾羽も短いです。●約13㎝ ●昆虫 ●日本、東南アジア、南太平洋の島

ショウドウツバメ
北海道で大集団をつくって繁殖します。土のがけにあなをほって巣にします。●約12㎝ ●昆虫 ●日本、ユーラシア大陸、北アメリカ（繁殖地）、南アメリカ、アフリカ、東南アジア（越冬地）

●体長 ●食べ物 ●分布 ●日本で見られる

イワツバメ 🇯🇵
岩のがけやコンクリートの建物の壁などに、集団で巣をつくります。🔴約13㎝ 🟦昆虫 🟧東アジア（繁殖地）、東南アジア（越冬地）

ツバメとヨシ原
ツバメは、渡りをするまえの8月から10月にかけて、大きな川や湿地に広がるヨシ原で大集団をつくって眠る習性があります。暗くなる直前にヨシ原に集まってきて、ときには数万羽をこえる大集団になることもあります。ふだんは街の中でくらしているツバメでも、自然豊かなヨシ原がないと生きていけないのです。

コシアカツバメ 🇯🇵
西日本に多く、とっくりのような巣を、ビルや橋につくります。写真は、巣材の泥をくわえているところです。🔴約17㎝ 🟦昆虫 🟧東アジア、インド、東南アジア、ヨーロッパ、アフリカ

スズメ目
ヒバリ科

Dr. カワカミのポイント！ ヒバリ科の鳥は、100種もいるのに、み〜んな地味！ 草原や砂漠などの開けたところにすんでいるので、敵に見つかりにくいようになっているんだ。でも、オスの鳴き声だけは負けていない。岩の上などの目立つ場所や大空を高く舞いながら、美しい声でさえずって、メスに求愛をしたり、なわばりを守ったりしている。

ヒバリ 🇯🇵
奄美大島より北の島に一年中すみ、空を飛びながら大きな声でさえずります。後ろゆびのつめがとても長くなっています。🔴約17㎝ 🟦種子、昆虫 🟧日本、ユーラシア大陸、北アフリカ

スズメ目
ヒヨドリ科

Dr.カワカミのポイント!

ヒヨドリのなかまは、おもにアジアやアフリカの熱帯の森にすみ、果実や花の蜜、昆虫を食べる。日本には、ヒヨドリとシロガシラの2種が分布している。日本ではヒヨドリは、どこにでもいる鳥だが、じつは世界的に見ても、日本と韓国、台湾などせまい地域にしかいない、めずらしい鳥なんだ。

スズメ目 ヒヨドリ科、ウグイス科、エナガ科

シロガシラ 🇯🇵
八重山列島と沖縄島に分布していますが、沖縄島のものは、人間が放したものだともいわれています。●約19cm ●昆虫、果実、花の蜜 ●日本、中国南部、台湾、朝鮮半島

ヒヨドリ 🇯🇵
かつて、夏は山にいて、冬に平地へおりてくる鳥でしたが、1980年代から、夏でも平地で繁殖するようになりました。ヒヨドリ科でもっとも北にすんでいます。●約28cm ●昆虫、果実、花の蜜 ●日本、朝鮮半島、台湾

スズメ目
ウグイス科

Dr.カワカミのポイント!

声でコミュニケーションをとるのが得意なウグイス！ それぞれの種が特ちょうのあるさえずりをする。ウグイス科は、丸く短い翼と長いあしをもつ、小柄な鳥が多い。やぶや低木林にすみ、羽の色も地味な種が多い。ほとんどの種は長距離の渡りをしないが、日本のウグイスやヤブサメは渡りもおこなう。

ウグイス 🇯🇵
「ホーホケキョ」は、オスが求愛やなわばりを宣言する、さえずりです。メス、オスともにふだんの地鳴きは、舌打ちするような「チャッチャッチャ」と聞こえる声です。●14～16cm ●昆虫、果実 ●東アジア

ヤブサメ 🇯🇵
夏鳥として低山の森に渡ってきます。「シシシシ……」と、虫のような声で鳴きます。春先は、夜中にもよく鳴きます。●約11cm ●昆虫、クモ ●日本、朝鮮半島、中国東北部、サハリン（繁殖地）、中国南部、台湾、東南アジア（越冬地）

●体長 ●食べ物 ●分布 🇯🇵日本で見られる

スズメ目
エナガ科

Dr.カワカミのポイント！ 尾羽がとても長い、小さな鳥が、エナガのなかまだ！ 林にすんでいて、細い枝先にとまるときなど、長い尾羽がバランスをとるのに役立つ。あまり遠くまで飛ぶことはなく、渡りはしない。

エナガ 🇯🇵
コケや鳥の羽毛などをクモやガの幼虫の糸でくっつけて、ドーム状の巣をつくります。
- 約14cm
- 昆虫、クモ、果実、樹液
- 日本、ユーラシア大陸

エナガのヘルパー
エナガのなかまには、親鳥ではない鳥が、ひなにえさを運んであたえるなど、つがいといっしょになって子育てをする習性が見られます。この鳥は、ヘルパーとよばれ、繁殖の相手を見つけられなかった鳥や、自分の繁殖がうまくいかなかった鳥が、子育ての手伝いをします。

スズメ目
ヨシキリ科

Dr. カワカミのポイント！ ヨシ原や湿地の林などの茂みにすむ、褐色の地味な鳥がヨシキリのなかまだ！ いつもは茂みの中にいて、姿をかくしているが、さえずるときには、見通しのよい草の茎にとまる。基本的には1羽のオスと1羽のメスがつがいになるが、食べ物が多いと、1羽のオスと数羽のメスがつがいになる種も多くいる。

オオヨシキリ 🇯🇵
九州以北に、夏鳥としてヨシ原に渡来します。「ギョギョシ、ケシケシケシ」と、大きな声でオスがさえずります。1羽のオスに複数のメスで繁殖します。約19cm ●昆虫 ●東アジア（繁殖地）、東南アジア（越冬地）

コヨシキリ 🇯🇵
オオヨシキリよりもずっと小さく、複雑な声でオスがさえずります。約13.5cm ●昆虫 ●東アジア（繁殖地）、インドシナ半島（越冬地）

スズメ目
ムシクイ科

Dr. カワカミのポイント！ 低山から高山までの森にすむ、地味な鳥がムシクイだ。みんな姿がとても似ていて、ちょっと見ただけだと区別がつかない。しかし、さえずりはまったくちがう！ だから、鳴き声が聞こえる時期は、見分けるのはかんたんだ。これは鳥たちにとっても同じで、さえずりをかえることで、ちがう種とつがいにならないように進化してきた結果なのだ。

イイジマムシクイ 天然記念物
世界でも繁殖地が、伊豆諸島やトカラ列島だけにしかありません。冬はフィリピンなどに渡るものもいますが、伊豆諸島では残るものもいます。■約12cm ■昆虫 ■日本（繁殖地）、フィリピン（越冬地）

センダイムシクイ
夏鳥として、北海道から九州の森で繁殖します。「チーチョビー」と聞こえる声でさえずります。■約12cm ■昆虫 ■日本、ロシア、中国東北部（繁殖地）、東南アジア（越冬地）

エゾムシクイ
夏鳥として北海道、本州中部以北、四国の森に渡来します。「ヒーツーチー」と、三拍子の声でさえずります。繁殖地は、日本とサハリンだけです。■約12cm ■昆虫 ■日本、サハリン（繁殖地）、東南アジア（越冬地）

メボソムシクイ
夏鳥として、北海道から九州までの森に渡来します。「チョリチョリチョリ」とさえずります。■約13cm ■昆虫 ■日本、ユーラシア大陸北部（繁殖地）、東南アジア（越冬地）

さえずりと地鳴き
鳥には大きく分けて、さえずりと地鳴きのふたつの鳴き方があります。さえずりは、おもにオスが、求愛やなわばりを宣言するときの鳴き方です。地鳴きは、オスとメスに関係なく、なかま同士で連絡をとるときの鳴き方です。

スズメ目
セッカ科

スズメ目 セッカ科、センニュウ科、ソウシチョウ科

Dr.カワカミのポイント！ セッカやサイホウチョウのなかまなどは、葉をクモの糸などでぬいあわせて巣をつくる。このような行動は、ほかの科では見られない特ちょうだ！ セッカのなかまは、褐色の地味な鳥が多い。以前はウグイスのなかまと考えられていたが、最近の分類でセッカ科として独立した。

セッカ 🇯🇵
イネ科の草に、クモの糸で葉をぬいあわせて、とっくり状の巣をつくります。一夫多妻制で、11羽のメスとつがいになったオスもいます。●約12cm ●昆虫 ●日本、アフリカ、インド、東南アジア、オーストラリア北部、地中海沿岸

オナガサイホウチョウ
葉をクモの糸などでぬいあわせて、コップ状の巣をつくります。●10〜14cm ●昆虫 ●東南アジア、インド

●体長 ●食べ物 ●分布 🇯🇵日本で見られる

スズメ目 センニュウ科

Dr.カワカミのポイント! センニュウのなかまは、草原や低木林にすんでいる。あしが太くてがんじょう。多くの種でオスのほうがメスより一回り大きく、特ちょうある大きな声でさえずる。以前はウグイスのなかまとされていたが、最近の分類で独立した。

エゾセンニュウ
北海道に夏鳥として渡来します。茂みの中にいて、めったに姿を見せません。「トッピンカケタカ」と、大きな声でさえずります。■約18cm ■昆虫 ■日本、ロシア東部（繁殖地）、東南アジア（越冬地）

オオセッカ
日本と中国東北部のごく一部にしかいない、世界的にめずらしい種です。日本には青森県、秋田県、茨城県、千葉県の湿地に約1000羽しかいないと推定されています。■約13cm ■昆虫 ■日本、中国東北部

シマセンニュウ
夏鳥として、北海道の海岸近くの草原で繁殖します。「チュルチュルチュルチュル」とさえずります。■約16cm ■昆虫 ■日本、ロシア（繁殖地）、東南アジア（越冬地）

スズメ目 ソウシチョウ科

Dr.カワカミのポイント! ソウシチョウ科は、美しい声でさえずる種が多い！ 熱帯や亜熱帯の森のやぶにすみ、おもに地上で行動している。翼が丸く短いので、遠くまで飛べず、渡りはしない。

ガビチョウ
本来は中国南部にすむ鳥ですが、ペットが逃げだし、日本で野生化しています。一年中、大きな声でさえずります。■21〜24cm ■昆虫、果実 ■日本、中国南部

ソウシチョウ
美しい姿のため、昔からペットとして飼われていて、逃げだした鳥が、日本で野生化しています。■約15cm ■昆虫、果実 ■東アジア、ヒマラヤ山脈周辺

Dr.カワカミのびっくり！コラム⑩
生態系のなかの鳥

ちょっとむずかしいかもしれないけど、ひとつの場所にいる生きものと、空気や水、土などの環境が、影響しあっている関係を「生態系」というんだ。もちろん、そのつながりには鳥も人間もふくまれている。鳥は生態系のなかでどんな役割をしているのか見てみよう。

🍃 鳥が食べる、鳥が食べられる

鳥は自然のなかでいろいろなものを食べています。タカやサギは、ネズミや鳥、魚、カエルなどを食べ、小鳥は昆虫や種子、果実などを食べます。反対に鳥は、ワシやイタチ、ネズミ、ヘビ、ときには昆虫など、いろいろな動物に食べられてしまいます。このように生きものはみんな、食べる・食べられるの関係にあって、生態系のバランスが保たれています。もし、小鳥がいなくなると、植物を食べる昆虫がふえてしまい、植物がへってしまうかもしれません。

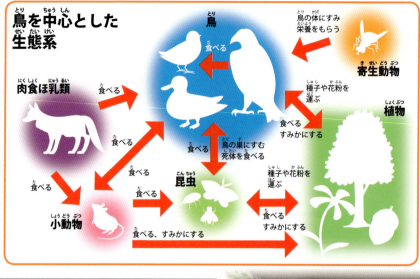

鳥を中心とした生態系

◀イエスズメをとらえたカリフォルニアスズメフクロウ。

▼ブチハイエナにとらえられたコフラミンゴ。

▲サメにねらわれるオオフルマカモメの若鳥。

◀オオカマキリにつかまったキクイタダキ。

🌱 すみかになる鳥の体

鳥の体は、ほかの生きもののすみかにもなります。ハジラミ類やシラミバエ類、ウモウダニ類といった寄生動物は、鳥の羽毛の中でくらしています。鳥の種によって、寄生動物の種がちがっていたり、同じ鳥でも頭と翼では、ちがう種がつくこともあります。これらの寄生動物は、鳥がいないと生きていけません。

▲クジャクの羽にいるハジラミのなかま。ハジラミは、羽毛そのものを食べます。このため、たくさんのハジラミがいると、羽毛が食べられていたりします。

🌱 さまざまなものを運ぶ鳥

鳥は、飛ぶことによって長距離を移動できるので、この能力を利用する生きものがたくさんいます。たとえば、植物の種子は、鳥に食べられ、ふんといっしょに出されることで分布を広げます。また、花の蜜をすう鳥は、花粉を運び、受粉の助けをします。種子が体について別の場所に運ばれることもあります。小型の巻き貝のなかには、食べられても死なないものがいて、ふんといっしょに出され、新たな生息地に進出することがあります。

▼寄生植物のヤドリギ。ケヤキなどの枝に根をはって生育します。

🌱 環境をかえる鳥

キツツキが木の幹にあけた巣あなは、その後、小鳥やムササビ、ハチなどの多くの生きものがすみかとして利用します。鳥が巣をつくることで新しい環境をつくりだしているのです。また、海鳥が海で魚を食べて、陸でふんをすることで、海の中の栄養を陸上に運ぶ役割をします。とくに大集団で繁殖した場所には、大量のふんがたまり、グアノとよばれる肥料として人間が利用します。

▶アカゲラがあけた巣あなは、いろいろな生きもののすみかになります。

▼ペルーの海鳥繁殖地で、グアノを採取する人たち。

▲ヤドリギの種子を、ふんといっしょにぶらさげて飛ぶキレンジャク。レンジャクのなかまは、ヤドリギの果実が大好物でよく食べます。ヤドリギの果実はべとべとしており、おしりから糸をひいてぶらさがります。そして、レンジャクが動くと種子は枝にくっつき、そこから根をはって樹木に寄生します。

165

スズメ目
キクイタダキ科

Dr.カワカミのポイント！ キクイタダキのなかまは、森の軽業師だ！ とにかく小さくて、体長約9㎝、体重はわずか5g、10円玉1枚分の重さしかない。その軽く小さな体をいかして、細いマツの葉にとまるなど、アクロバットのような動きで、クモなどを探して食べる。山の森で繁殖するが、冬には平地におりてきて、都市の公園でも見ることがある。

スズメ目 キクイタダキ科、メジロ科、ミソサザイ科

ルビーキクイタダキ
頭のてっぺんが、宝石のルビーのような赤い色をしています。●約11㎝
●昆虫、クモ ●北アメリカ

キクイタダキ🇯🇵
日本最小の鳥のひとつです。頭の黄色がキクの花のように見えるので、「菊戴」という名前になりました。
●約9㎝ ●昆虫、クモ ●日本、ユーラシア大陸

●体長 ●食べ物 ●分布 🇯🇵日本で見られる

スズメ目
メジロ科

メジロ
街中でもふつうに見られる小鳥です。花の蜜が好物で、冬にツバキの花をよくおとずれます。
10〜11.5cm　花の蜜、昆虫、果実　日本、中国南部

Dr.カワカミのポイント！ このなかまは、体が緑色で目のまわりが白い鳥ばかり！ スズメよりも小さいが飛ぶ力はあり、大陸からはなれた島にたどりついて固有種になったものも多い。小笠原諸島だけにすむメグロは、かつては別のなかまと考えられていたが、遺伝子を調べた結果、サイパン島にすむオウゴンメジロにちかいことがわかった。

メグロ 特別天然記念物
小笠原諸島の母島、向島、妹島の3つの島にしかいません。島と島の距離はわずか数キロですが、島から島への移動をしません。約13.5cm　果実、昆虫　日本（小笠原諸島）

スズメ目
ミソサザイ科

Dr.カワカミのポイント！ 茂みの中をいそがしく動いて、昆虫やクモを探して食べる生活をしているミソサザイ科。体は小さくて、茶色や褐色など地味な色のものが多い。このなかまは、日本にもいるミソサザイ1種以外は、すべてが南北アメリカ大陸に分布している。

ミソサザイ
日本最小の鳥のひとつです。オスは、小さな体からは想像できないような大きな声で、渓流の岩の上などでさえずります。約11cm　昆虫、クモ　日本、ユーラシア大陸、北アメリカ

サボテンミソサザイ
乾燥した地域の、サボテンがあるような場所に生息しています。巣もサボテンにつくります。
約19cm　昆虫、クモ　北アメリカ南西部

スズメ目
ムクドリ科

Dr. カワカミのポイント！ このなかまの特ちょうは、とにかく大群をつくることだ！ ヨーロッパにすむホシムクドリは、ときには200万羽もの大群をつくる。大きさはスズメからハトくらいまでで、体の色は基本的に黒か灰色。ユーラシア大陸やアフリカを中心に、森や草原、農耕地など、あらゆる環境に生息する。

スズメ目 ムクドリ科、ゴジュウカラ科、キバシリ科

ムクドリ 🇯🇵
九州以北で一年中見られます。沖縄では冬鳥です。よく戸袋に巣をつくります。数万羽の群れになることもあります。近年、繁華街の街路樹に大群で集まり、問題になっています。
■約22㎝ ■果実、昆虫 ■東アジア

コムクドリ 🇯🇵
夏鳥として、本州中部以北に渡来します。繁殖地は、日本とサハリンしかわかっていません。■約17㎝ ■果実、昆虫 ■日本、サハリン（繁殖地）、フィリピン（越冬地）

■体長 ■食べ物 ■分布 ●日本で見られる

スズメ目
ゴジュウカラ科

🔶 **Dr.カワカミのポイント!** ゴジュウカラのなかまの得意技は、頭を下に向けて木の幹をおりることだ! こんな芸当ができる鳥は、ゴジュウカラ科だけ。幹をあちこち移動しながら、昆虫やクモを探して食べる生活をしている。また、植物の種子を、木や岩のすきまなどにたくわえる習性がある。ほとんどが森にすんでいるが、岩場にすむ種類もいる。

ホシムクドリ
本来は、ヨーロッパから中央アジアにかけて分布する鳥ですが、北アメリカやオーストラリアなどでは、人間が放したものが野生化しています。ものすごい大群をつくります。写真は、空いっぱいに広がったホシムクドリの大群です。🔴約21cm 🟢果実、昆虫 🟠日本、ヨーロッパ、西アジア、中央アジア、インド、北アフリカ、北アメリカ、オーストラリア

ゴジュウカラ
九州以北の山の森に、一年中すんでいます。北海道では平地でも見られます。🔴約14cm 🟢昆虫、クモ、種子 🟠日本、ユーラシア大陸

カオジロゴジュウカラ
北アメリカの森林で、もっともよく見られる鳥です。白い顔が特ちょうです。🔴約15.5cm 🟢昆虫、クモ、種子 🟠北アメリカ

スズメ目
キバシリ科

🔶 **Dr.カワカミのポイント!** 名前のとおり、木の幹を走るようにすばやく動きまわる鳥が、キバシリのなかまだ! 幹をしっかりつかむために、あしゆびとつめがとても長いんだ。先がとがった細長いくちばしは、樹皮の下にいる昆虫やクモを引っぱりだすのに便利だ。羽の色が木の幹にそっくりで、動かないとわからないことも多い。大きさは、どの種もスズメよりも小さい。

キュウカンチョウ
人間の声をまねるので有名ですが、野生では鳴きまねをしません。🔴約30cm 🟢昆虫、は虫類 🟠東南アジア

タンシキバシリ
ヨーロッパの森にすんでいます。夜は集団で、木のあなで寝る習性があります。🔴約12.5cm 🟢昆虫 🟠ヨーロッパ(イギリスをのぞく)

キバシリ
九州以北の山の、針葉樹林や落葉樹林にすんでいます。渡りをせず、一年中同じ場所に生息しています。🔴約12.5cm 🟢昆虫、クモ 🟠日本、ユーラシア大陸

🌱 **マメ知識** コムクドリは近年、繁殖を開始する時期が早くなっていて、地球温暖化の影響と考えられています。

スズメ目
ツグミ科

Dr. カワカミのポイント！ ツグミのなかまは、美しい声でさえずる鳥が多い！ 高い木のてっぺんなどで、大きな声で気持ちよさそうにさえずる姿は、とても魅力的。ふだんは、地上におりて幼虫やミミズなどを探している。また、果実も大好きだ。分類はいまだにわからないことも多くて、以前はツグミのなかまだった種が、ヒタキ科のなかまとされたものがたくさんいる。

クロツグミ
九州以北に、夏鳥として渡来します。繁殖地は、日本と中国南部の一部にしかありません。木のてっぺんで、気持ちよさそうにさえずります。■約22㎝ ■昆虫、果実 ■日本、中国南部の一部

トラツグミ
山の森にすんでいて、夜に「ヒョー、ヒー」と、ぶきみな声で長い時間、鳴きつづけます。冬は、市街地の公園でも見られます。■24〜30㎝ ■昆虫、ミミズ、果実 ■日本、ユーラシア大陸東部、中国南部、東南アジア

マミジロ
本州中部以北の山の森に、夏鳥として渡ってきます。朝のまだ暗いうちに「キョロン、ツィー」とさえずります。■20.5〜23㎝ ■昆虫、果実 ■日本、ロシア、中国東北部（繁殖地）、東南アジア（越冬地）

■体長 ■食べ物 ■分布 ■日本で見られる

スズメ目
ヒタキ科

Dr. カワカミのポイント！ ヒタキのなかまは、目がくりっとしていて、とてもかわいい小鳥だ！　また、色が赤や青、黄色など、とてもきれいな鳥が多くて人気があるんだ。あしとくちばしが短く、枝から飛んで獲物をとる種と、あしとくちばしが長く、地上で食べ物を探す種がいる。300種以上もいるが、分類が定まっておらず、最近になってツグミ科からヒタキ科とされた鳥がたくさんいる。でも、また変更される可能性がとても高い。

アカヒゲ 🇯🇵 天然記念物
奄美大島や沖縄島などにすむ、日本固有種です。地上近くで昆虫などを探して食べます。約14cm　昆虫　日本（屋久島以南の島、男女群島）

ノゴマ 🇯🇵
北海道に夏鳥として渡来します。春と秋に、渡りの途中で本州に来ることもあります。14〜16cm　昆虫　日本、モンゴル、ロシア、中国東北部（繁殖地）、東南アジア（越冬地）

コルリ 🇯🇵
夏鳥として、本州中部以北の山に渡来します。ササの中にいることが多く、なかなか姿を見せません。約14cm　昆虫　日本、ロシア、中国東北部（繁殖地）、東南アジア（越冬地）

コマドリ 🇯🇵
日本とサハリンだけで繁殖する夏鳥です。「ヒンカラララ」とさえずる声が、ウマ（駒）の鳴き声に似ていることから「駒鳥」という名前がつきました。約14cm　昆虫　日本、サハリン（繁殖地）、台湾、中国南部（越冬地）

体長　食べ物　分布　日本で見られる

ジョウビタキ 🇯🇵
冬鳥として、全国の河原や農地などの開けた環境に渡ってきます。住宅地でもよく見られます。
🔴約15㎝ 🟦昆虫、果実 🟧ロシア、中国、朝鮮半島（繁殖地）、日本、中国南部、台湾（越冬地）

イソヒヨドリ 🇯🇵
おもに海岸付近に生息していますが、最近では、海からはなれた市街地でも見ることがあります。
🔴20～23㎝ 🟦昆虫、トカゲ、果実 🟧日本、ユーラシア大陸南部、東南アジア、アフリカ

ルリビタキ 🇯🇵
夏は山の森で繁殖しますが、冬は平地の雑木林にすみます。
🔴13～15㎝ 🟦昆虫、果実 🟧日本、ユーラシア大陸東部（繁殖地）、東南アジア（越冬地）

ノビタキ 🇯🇵
夏鳥として、本州中部以北の草原などに渡来します。春と秋の渡りの時期には、河川敷や農地でも見られます。
🔴約12.5㎝ 🟦昆虫、果実、種子 🟧日本、ユーラシア大陸、アフリカ

スズメ目 ヒタキ科

オオルリ 🇯🇵
日本では夏鳥として、山地の渓流沿いの森に渡来します。オスもメスもきれいな声でさえずります。メスは地味な褐色です。■約17cm ■昆虫、果実 ■日本、朝鮮半島、中国東北部（繁殖地）、東南アジア（越冬地）

▲オオルリのメス。

コサメビタキ 🇯🇵
夏鳥として、九州以北の森林に渡来し、繁殖します。オスもメスも地味な灰褐色です。■12〜14cm ■昆虫、果実 ■日本、極東ロシア、ヒマラヤ山脈（繁殖地）、東南アジア、インド（越冬地）

▲キビタキのメス。

エゾビタキ 🇯🇵
春と秋の渡りの時期に見られます。秋のほうが多く見られます。オスもメスも同じ灰褐色をしています。🔴12.5〜14cm 🔵昆虫、果実 🟠日本、極東ロシア（繁殖地）、東南アジア（越冬地）

キビタキ 🇯🇵
夏鳥として、九州以北の低い山の森に渡来します。沖縄などでは留鳥です。繁殖地は、日本とサハリン、中国北部の一部にしかありません。メスは地味な褐色です。🔴約13.5cm 🔵昆虫、果実 🟠日本、サハリン、中国北部の一部（繁殖地）、東南アジア（越冬地）

サメビタキ 🇯🇵
夏鳥として、本州中部以北の、亜高山帯に渡来します。針葉樹林で繁殖しますが、くわしいことはよくわかっていません。オスもメスも地味な灰褐色をしています。🔴約14cm 🔵昆虫、果実 🟠日本、極東ロシア、中国南部（繁殖地）、東南アジア（越冬地）

マメ知識 コサメビタキは、天敵に見つからないように、ウメノキゴケという地衣類を使って、樹皮とそっくりな巣をつくります。

スズメ目
スズメ科

Dr.カワカミのポイント！ おもに草原などの開けた場所にすみ、草の種を食べているのがスズメのなかまだ！ 人間の生活とかかわりが深い種が多いのも、このなかまの特ちょうだ。ヨーロッパやアジア、アフリカの広い地域で見られるが、起源はアフリカだと考えられている。アメリカやオーストラリアなどにも、スズメのなかまが見られるが、これらは人間が放したものである。基本的には渡りをしない。

オオタカの巣に巣をつくるスズメ
強いオオタカをボディガードのように利用して繁殖することがあります。ふしぎなことに、オオタカがスズメをおそうことはあまりないようです。

スズメ 🇯🇵
日本では、人家のそばでしか見ませんが、ヨーロッパなどでは森林に生息しています。●約15cm ●種子、昆虫 ●日本、ユーラシア大陸、東南アジア

●体長 ●食べ物 ●分布 ●日本で見られる

ニュウナイスズメ

森林にすむスズメです。北海道や北日本の標高の高い地域で多く見られます。冬は平地に移動するものもいます。■約15cm ■種子、昆虫 ■日本、中国南部、インド北部

イエスズメ

ヨーロッパなどでは、都市にもっともふつうにいるスズメです。日本には最近、北海道の日本海側に進出してきました。世界各地の都市に、人間が放したものが定着しています。■16〜18cm ■種子、昆虫 ■日本、ユーラシア大陸、アフリカ北部

スペインスズメ

シュバシコウの巣に集団で繁殖することもあります。イエスズメがいないと、人家付近で生活をします。■約16cm ■種子、昆虫 ■地中海沿岸、中央アジア

ホオグロスズメ

50〜100羽ほどの群れで、集団で繁殖します。ときには大きな群れをつくり、農作物に被害をあたえます。■14〜16cm ■種子、昆虫 ■アフリカ南部

シャカイハタオリ

写真のように、大集団で木にかれ草で巨大な巣をつくります。巣は100年ちかくも使われるものもあり、重みで木がたおれてしまうことがあります。■約14cm ■種子、昆虫 ■アフリカ南西部

スズメ目
ハタオリドリ科

スズメ目 ハタオリドリ科、イワヒバリ科、カワガラス科

Dr.カワカミのポイント！ ハタオリドリのなかまの巣は、ほんとうに鳥がつくったの？　と思うほどよくできている！　巣をつくるのはオスの仕事。草をふくざつに編んで、かごのような巣をつくる。巣ができあがると、メスがきちんとできているかチェック。合格したオスと結婚する。もし、不合格ならば、オスは巣をこわして、最初からつくりなおす。また、ハタオリドリのなかまには、尾羽がとても長くなった種もいて、こちらは飛びながらダンスをおどり、メスに求愛をする。

カオグロウロコハタオリ
大きな木に大集団で繁殖します。ひとつの木に、多いときには200もの巣がぶら下がっていることがあります。■約15cm　■昆虫、種子　■ケニア、エチオピア、ソマリア

コガネハタオリ
湿地や川面の上にある木の枝やパピルスなどに、巣をつくります。■約15cm　■昆虫、種子　■アフリカ南東部の海岸沿い

メンガタハタオリ
木の枝にぶら下がった、かごのような巣をつくります。ぶら下げることで、ヘビなどの敵が入りにくくなります。■約13cm　■昆虫、種子　■アフリカ南部

コクホウジャク
繁殖期のオスには40cmもある長い尾羽があり、草の上をふわふわ飛んで、メスに求愛したり、なわばりを主張したりします。■オス50〜71cm、メス19〜21cm　■昆虫、種子　■アフリカ南部

■体長　■食べ物　■分布　■日本で見られる

スズメ目
イワヒバリ科

Dr.カワカミのポイント！ イワヒバリのなかまは、メスがオスに赤くふくれたおしり（総排せつ腔）を見せて求愛をする、へんな習性をもっている！　高山や寒い地域で繁殖する小鳥で、日本にはイワヒバリとカヤクグリがいる。

イワヒバリ 🇯🇵
夏は標高2500m以上の高山で繁殖しますが、冬は低い山で見られます。■約18㎝ ■昆虫、クモ、種子 ■日本、ユーラシア大陸、アフリカ北部

ヨーロッパカヤクグリ
高山から平地まで、いろいろな場所で見られます。ミソサザイに似た声でさえずります。■約14.5㎝ ■昆虫、クモ、種子 ■ヨーロッパ

コーカサスイワヒバリ
トルコやアゼルバイジャンの、標高1900〜3000mの山にすんでいます。■約15.5㎝ ■昆虫、種子 ■西アジア、中央アジア

カヤクグリ 🇯🇵
日本とサハリンにしかいない、とても貴重な鳥です。夏は標高1500mくらいの山にいて、冬は平地で見られます。■約15㎝ ■昆虫、クモ、種子 ■日本、サハリン

スズメ目
カワガラス科

Dr.カワカミのポイント！ スズメ目で唯一、水にもぐることができるのがカワガラスのなかまだ！　ただ、もぐれるといっても、深さは最大で2mほど。はげしい流れのなかを翼を使ってもぐり、石の下にいるカゲロウの幼虫などを探して食べる。冬でも水にもぐるタフガイだ。

カワガラス 🇯🇵
留鳥として、全国の山の川に生息しています。巣は滝の裏や岩のすきまなどに、コケを使ってつくります。■21〜23㎝ ■水生昆虫、魚、魚の卵 ■東アジア、南アジア

ムナジロカワガラス
名前のとおり胸が白いのが特ちょうです。標高5000mもの高山の渓流にも生息しています。ノルウェーの国鳥です。■17〜20㎝ ■水生昆虫、魚 ■ユーラシア大陸中央部から西部

スズメ目
セキレイ科

Dr. カワカミのポイント！ スリムな体と長い尾羽。その尾羽をいつも上下にふっている鳥が、セキレイのなかまだ！　でも、どうしていつも尾をふっているのか、その理由はよくわかっていないが、敵に対するけいかいや、なかまへの合図ではないかといわれている。日本では水辺の鳥のイメージがあるが、北極や南極、砂漠をのぞく、世界中の草原から森林まで、あらゆる環境にすんでいる。

ツメナガセキレイ 🇯🇵
渡りの途中に見られることが多い鳥です。北海道北部では、ごく少数が繁殖しています。■約16.5cm ■昆虫、種子 ■日本、ユーラシア大陸、アラスカ（繁殖地）、アフリカ、インド、東南アジア（越冬地）

■体長　■食べ物　■分布　🇯🇵日本で見られる

スズメ目
アトリ科

Dr. カワカミのポイント！ アトリのなかまは、赤や黄色などカラフル！ くちばしが短くて太いのは、おもな食べ物が種子だから。とくにイカルやシメなどのくちばしは、かむ力がとても強力。かたい種子を「パッチン、パッチン」と音をたてながら割って食べてしまう。ただ、ひなを育てるときは、種子だけだと栄養が足りないので、昆虫もあたえる。ところが、カワラヒワやイスカは、ひなに種子だけをあたえて育てるちょっと変わり者だ。

アトリ 🇯🇵
冬鳥として、全国に渡来します。数十万羽もの大群になることがあります。写真は木に集まったアトリの大群です。
- 13.5〜16cm
- 種子、果実、昆虫
- 日本、ユーラシア大陸

イカル
太く黄色いくちばしが、よく目立ちます。九州以北に留鳥として生息しています。「キーキコキー」と、大きな声でさえずります。 ■18～23㎝ ■種子、昆虫 ■日本、極東ロシア、中国南部

コイカル
冬鳥として西日本に多く渡来し、繁殖することもあります。 ■15～18㎝ ■種子、昆虫 ■東アジア、南アジア

ベニヒワ
冬鳥として、おもに北日本に渡ってきますが、数はあまり多くありません。 ■12.5～14㎝ ■種子、昆虫 ■北半球

マヒワ
冬鳥として全国に渡来しますが、北海道と本州中部の山では、繁殖もしています。大きな群れになって越冬しています。 ■約12㎝ ■種子、果実、花芽 ■日本、ユーラシア大陸

カワラヒワ
留鳥として、農耕地や公園、河原などで見られます。北海道では夏鳥です。冬になると外国から渡ってくる亜種もいます。 ■12.5～14㎝ ■種子 ■東アジア、カムチャツカ半島

スズメ目 アトリ科、ホオジロ科

ハギマシコ 🇯🇵
大きな群れをつくり、山地で越冬します。よくがけにいて、地面で種子を探します。■14〜18㎝ ■種子、昆虫 ■日本、ロシア東部、中国東北部、朝鮮半島

イスカ 🇯🇵
先が左右にくいちがっているくちばしで、マツカサをこじあけます。くいちがう方向は決まっていません。日本ではおもに冬鳥ですが、ごく少数が繁殖もしています。■14〜20㎝ ■種子 ■北半球

シメ 🇯🇵
冬鳥として全国に渡来しますが、本州中部以北では繁殖もしています。夏になると、くちばしの色が鉛色にかわります。■16〜18㎝ ■種子、昆虫 ■日本、ユーラシア大陸

ウソ 🇯🇵
本州中部以北では亜高山帯で、北海道では平地で繁殖します。冬には平地の林でも見られます。サクラの花芽が好物です。■14.5〜16㎝ ■種子、昆虫、花芽 ■日本、ユーラシア大陸

ギンザンマシコ 🇯🇵
北海道では冬鳥ですが、大雪山では少数が繁殖しています。街路樹のナナカマドの実を食べにくることもあります。■18.5〜25.5㎝ ■種子、果実、昆虫 ■北半球

■体長 ■食べ物 ■分布 🇯🇵日本で見られる

スズメ目
ホオジロ科

🔴 **Dr. カワカミのポイント!** オスのさえずりは、とても美しいものが多いホオジロ！ 草原などの開けた環境で、草の種を食べている。スズメのような地味な色をしている種が多いのが特ちょうだ。これは開けたところでくらしているため、敵に見つかりにくいように地味な色になったと考えられている。南極をのぞく全世界に、約170種が分布している。

ノジコ 🇯🇵
世界でも青森県から兵庫県にかけて繁殖地が点々とあるだけという、とても貴重な鳥です。🔴約14㎝ 🔴種子、昆虫 🔴日本（繁殖地）、台湾、フィリピン（越冬地）

コジュリン 🇯🇵
とても数が少なく、本州中部以北と熊本県の草原やヨシ原で繁殖します。日本以外では中国東北部でのみ繁殖しています。🔴約15㎝ 🔴種子、昆虫 🔴日本、中国

オオジュリン 🇯🇵
おもに北海道の湿原で繁殖し、冬は関東以南のヨシ原で越冬します。ヨシの茎の中にいる昆虫をとらえて食べます。🔴約16㎝ 🔴種子、昆虫 🔴日本、ユーラシア大陸、アフリカ北部

スズメ目 ホオジロ科

ホオアカ 🇯🇵
九州以北の平地から山地の草原で繁殖します。冬には平地の河川敷などで越冬します。🟥約16㎝ 🟦種子、昆虫 🟧東アジア、東南アジア

ミヤマホオジロ 🇯🇵
冬鳥として全国に渡ってきますが、西日本に比較的多く見られます。対馬や中国地方の西部では繁殖をしています。🟥約16㎝ 🟦種子、昆虫 🟧東アジア

ホオジロ 🇯🇵
留鳥として種子島以北に分布しています。低い木が生えている場所や農耕地などで、見られます。🟥約17㎝ 🟦種子、昆虫 🟧東アジア

カシラダカ 🇯🇵
冬鳥として本州以南に渡来します。名前は、冠羽が立って見えるので、「頭が高い」という意味です。🟥約15㎝ 🟦種子、昆虫 🟧ユーラシア大陸北部（繁殖地）、日本、朝鮮半島、中国南部（越冬地）

シマアオジ 🇯🇵
夏、北海道の湿原で繁殖しますが、数が激減しています。オスは美しい声でさえずります。■約15cm ■種子、昆虫 ■日本、ユーラシア大陸北部（繁殖地）、東南アジア（越冬地）

アオジ 🇯🇵
本州中部以北の山の森で繁殖します。冬は、平地の雑木林で見られます。■約16cm ■種子、昆虫 ■東アジア

クロジ 🇯🇵
生息地が日本とサハリン、カムチャツカ半島の一部にしかない、貴重な鳥です。本州中部以北の山地で繁殖します。■約17cm ■種子、昆虫 ■日本、サハリン、カムチャツカ半島

種子食でも種まきの役に立つ
ホオジロ科やアトリ科などの種子を食べる鳥は、種をこわして食べてしまうので、種をだめにしてしまうと考えられていました。しかし、最近の研究では、種子食の鳥でも、小さな種子はこわさないで丸のみすることがあり、ふんからきちんと芽が出ることがわかりました。これまで植物にとってはやっかいものだと思われていた種子食の鳥も、植物の役に立っているのです。

Dr.カワカミのびっくり！コラム⓫
外国から日本に来た鳥

熱帯にいるはずのインコが、今、東京でも見られることを知っているかな？ほかにも、野外で鳥の調査をしていると、なんでこんな鳥が日本にいるんだと、おどろいてしまうこともある。この鳥たちは、人間によって外国からもちこまれたものが、逃げだしたり、放されたりして、野生化したものだ。このような生物を「外来生物」という。実際、今の日本には、たくさんの外来の鳥が生息している。じつはこれは日本だけの話ではなく、世界各地で同じようなことが起こっている。そして、その土地に、もとからいる生物や自然に対して問題を起こしているんだ。

日本にいる外来生物

日本には、ペットや観賞用、狩猟用など、さまざまな目的で外国の鳥がもちこまれ、逃げだしたり、放されたりして外来生物になっています。ふつうは、外国の鳥が逃げだしても、日本の環境で生きていくことはむずかしいのですが、なかには適応して、繁殖しているものがいます。

◎観賞用として

▲コブハクチョウは、日本各地の湖で観賞用として飼われていたものが野生化し、なかには国内で渡りをしているものもいます。

▲シジュウカラガン（カナダガン）は、公園で飼われていたものが逃げだして、山梨県の河口湖などで繁殖しています。

◎狩猟用として

▲コジュケイは、大正時代に放され、本州や九州、四国などに生息しています。

▲コウライキジは、北海道や対馬などに放されました。

◎ペットとして

◀ガビチョウは、よい声でさえずるので飼い鳥として人気があります。逃げだして野生化した鳥が、関東や東北地方南部、九州などでふえています。

▲ソウシチョウは、姿が美しいのでペットとして人気があり、飼っていた鳥が逃げだして、本州や九州で野生化しています。

◎猟犬の訓練用

◀コリンウズラは、北アメリカの鳥で、猟犬を訓練するために放された鳥が、神奈川県や大阪府などで野生化しています。

🍁 外来生物がいると、どうなるの？

外来生物がいると、もともとその国でくらしている生物が、さまざまな影響を受けます。たとえば、それまでなかった病気が広がってしまう、外来生物と日本にいる種が交雑して雑種となってしまう、食べ物や巣あなをうばいあい、もとからいる生物を追いだしてしまうなどが起こりえます。さらに直接影響がなくても、生態系の姿をかえてしまう可能性もあります。

▲八重山諸島で野生化したインドクジャクは、天然記念物のキシノウエトカゲなどを食べてしまい、激減させています。

🍁 外国でも同じことが

外国の都市でも、もともとそこにはいなかった鳥が野生化しています。たとえばハワイに行くと、メジロがたくさんいますが、これはハワイに移りすんだ日本人が日本からつれてきて放した鳥です。同じように、外国に移住する人が自分の国の鳥をいっしょにつれてきて放し、野生化した例が世界各地の都市で見られます。また、東京で繁殖しているスリランカ原産のホンセイインコは、世界中でペットとして人気があり、イギリス、アメリカ、オランダ、イスラエル、南アフリカなどの都市には、逃げだして野生化したものがいます。

▼メジロは、日本人がつれてきた鳥が、ハワイで外来生物となっています。

▲ロンドンにある鳥用の給餌装置に来たホンセイインコ。

Dr.カワカミのびっくり！コラム⑫
絶滅した鳥

絶滅とは、地球上から生物のひとつの種が姿を消してしまうことをいうんだ。絶滅の原因は、火山の爆発だったり、外敵や競争相手の侵入、病気などいろいろあるが、1600年以降は、乱獲、生息地の破壊、他地域からの動物のもちこみなど、人間の手によるものがほとんど。1600年からの400年年間で、世界の鳥のおよそ130種が絶滅したと考えられている。絶滅した鳥には、とくに島に生息していた種が多くて、もともと数が少なかったことや天敵がいなかったことなどがよくなかった。そして、残念なことに地球上の多くの鳥に、今なお絶滅の危険がせまっている。

🍁 日本の絶滅した鳥は、島の鳥

日本の絶滅した13種の鳥のうち、12種が小笠原や沖縄などの島にいた鳥です。すんでいた森が農地などにかえられたり、ネズミなどが人間の荷物などにまぎれて侵入したことにより、姿を消してしまったのではないかと考えられています。ネズミは、鳥の卵や、ときにはひななども食べる、鳥にとってはおそろしい敵です。

▶ツグミ科のオガサワラガビチョウは、1828年に4羽が採集された記録と、1885年の上野動物園での飼育記録しかありません。

◀オガサワラマシコはアトリ科の鳥で、1828年以後、確実な記録がありません。

🍁 侵入者の犠牲になった

ドードーは、マダガスカル島の東に位置するマスカレン諸島に分布していた、体重20kg以上になるハトにちかいなかまです。ドードーとレユニオンドードー、ロドリゲスドードーの3種がいましたが、1640年ごろにはほとんど見られなくなりました。ずんぐりとした体型で飛べなかったので、島に来た船乗りの食べ物として大量につかまえられたり、人間が放した動物の影響などによって絶滅したと考えられています。

🍁 生息環境の破壊による絶滅

カロライナインコは、北アメリカにすんでいたインコで、数はリョコウバトについで多かったともいわれています。それが1918年に動物園で飼われていた、「インカス」と名付けられた最後の1羽が死に、絶滅してしまいました。絶滅の原因は、果樹園に害をおよぼすので駆除された、帽子のかざりとして羽がねらわれたなど、いろいろです。しかし、それだけで絶滅するまで数が減るとは考えにくく、カロライナインコのすんでいた湿地の森林が農地として開発されてしまったのが大きな原因だといわれています。

▲アメリカの博物館にあるカロライナインコのはくせい。

▲レユニオン島にいたレユニオンドードー。

研究者にほろぼされた鳥

オオウミガラスは、北大西洋に生息していた海鳥で、体長75㎝、体重5㎏ほどもあった大きな鳥です。翼は小さくて飛べませんでした。16世紀には数百万羽はいたと考えられていますが、食用や羽毛、脂をとるため、成鳥はもちろん、ひなや卵も大量に捕獲され、19世紀のはじめごろにはほとんどの繁殖地が消滅しました。さらに、この鳥がめずらしくなると、世界各地の博物館が標本を手に入れようとしたため、標本採集人が最後の1羽までとってしまい、完全に絶滅してしまったのです。

◀もともと「ペンギン」とよばれていたのは、オオウミガラスでした。南極のペンギンは、この鳥に似ているため、ペンギンとよばれるようになりました。

世界でいちばんたくさんいた鳥が絶滅

リョコウバトは、北アメリカにすんでいた体長40㎝ほどのハトで、世界でいちばんたくさんいた鳥といわれています。その数は、50億羽はいただろうと考えられていて、渡りの群れは、3日間たえることがないほど、たくさん集まっていたという記録があります。そんなにたくさんいたリョコウバトですが、人間が羽毛をとったり、食べるために銃や網を使って大規模に捕獲しはじめると、みるみる数が減り、ついに1914年にアメリカの動物園で飼われていた最後の1羽が死亡して、完全に絶滅してしまいました。

▲アメリカのシンシナティ動物園で飼われていた最後の1羽。「マーサ」という名前でよばれていました。

雑種ができてほろんだ鳥

オオオビハシカイツブリは、中央アメリカのグアテマラにあるアティトラン湖にすんでいた、飛べない水鳥です。1966年の調査のときには、80羽しかおらず、減った原因は、湖がリゾートとして開発され、ブラックバスを放した影響によるものでした。その後の保護活動でいったんはふえましたが、1983年には32羽になり、近縁種のオビハシカイツブリが侵入して雑種となってしまい、ついに1987年に絶滅してしまいました。

▲ブラックバスは、オオオビハシカイツブリの獲物の魚や、ひなを食べてしまったため、大きな影響をあたえました。

🍁 おしゃれの犠牲になった鳥

ニュージーランドにいたホオダレムクドリは、オスとメスでくちばしの形がちがう、かわった鳥でした。しかし、1907年の3羽の目撃が最後となり、絶滅してしまいました。絶滅の原因は、生息環境の破壊や肉食動物が放されたことにくわえ、帽子のかざり羽の材料を得るために、たくさんとられてしまったことでした。また、ハワイのムネフサミツスイも同じようにかざり羽のために捕獲され、おしゃれのために犠牲になったといわれています。

▲ホオダレムクドリは、くちばしの短いほうがオスです。

🍁 絶滅した鳥が多いクイナのなかま

クイナのなかまは、1600年以降33種が絶滅しています。ほとんどの種は島にすんでいた飛べない種類ばかりでした。なかでもウェーククイナは、北太平洋のウェーク島にすんでいた鳥でしたが、第二次世界大戦中の日本軍が食料として最後の1羽まで食べてしまい絶滅しました。グアム島に生息しているグアムクイナは、島にもちこまれたヘビにより、1987年に野生では絶滅してしまいましたが、飼育していた鳥が生きのこっており、ふやすための努力がつづけられています。

▲飛べない鳥のグアムクイナ。

🍁 再発見された鳥

いったんは絶滅したと思われていた鳥が、再発見されることがあります。たとえば、ニュージーランドにいる飛べない大型のクイナのなかまのタカヘは、1930年代には絶滅したと考えられていましたが、1948年に再発見されました。日本のアホウドリも、一時は絶滅宣言が出されましたが、鳥島で再発見されています。また、アメリカとキューバに生息しているハシジロキツツキの確実な記録は、1950年代が最後で、絶滅したと考えられていました。しかし、近年、何度か目撃や声を聞いたという話があり、今なお、探しつづけられています。

▲再発見されたタカヘ。

▲今なお、探しつづけられているハシジロキツツキのはくせい。

さくいん

この図鑑に出てくる鳥を五十音順で掲載しています。くわしく紹介されているページを太字であらわしています。

ア

アオアシシギ	94
アオアズマヤドリ	142
アオゲラ	136
アオサギ	23、**57**、62、101
アオジ	187
アオツラカツオドリ	64
アオノドハチドリ	139
アオハシコウ	51
アオバズク	119
アオバト	112
アカアシシギ	94
アカエリカイツブリ	47
アカエリヒレアシシギ	99
アカオオハシモズ	143
アカオネッタイチョウ	49
アカゲラ	**136**、165
アカコッコ	171
アカコブサイチョウ	133
アカサイチョウ	133
アカショウビン	131
アカノガンモドキ	82
アカハシネッタイチョウ	49
アカバネシギダチョウ	12
アカハラ	171
アカヒゲ	172
アカミノフウチョウ	153
アカモズ	144
アジサシ	103
アシナガウミツバメ	45
アデリーペンギン	37
アトリ	182
アナドリ	43
アナホリフクロウ	120
アネハヅル	87
アビ	35
アブラヨタカ	38、**123**
アフリカオオノガン	82
アフリカハゲコウ	51
アホウドリ	41
アマサギ	**57**、127
アマツバメ	125
アマミヤマシギ	97
アメリカグンカンドリ	65
アメリカシロペリカン	63
アメリカヘビウ	66
アリスイ	**137**、150

イ

イイジマムシクイ	161
イエスズメ	164、**177**
イカル	183
イカルチドリ	91
イシチドリ	88
イスカ	184
イソシギ	95
イソヒヨドリ	173
イタハシヤマオオハシ	135
イヌワシ	75
イワツバメ	157
イワヒバリ	179
インドクジャク	**19**、151、189

ウ

ウグイス	139、**158**
ウズラ	18
ウズラシギ	92
ウソ	184
ウトウ	107
ウミアイサ	33
ウミウ	67
ウミガラス	**107**、138
ウミネコ	105

エ

エジプトハゲワシ	76
エゾセンニュウ	163
エゾビタキ	175
エゾムシクイ	161
エゾライチョウ	17
エトピリカ	107
エナガ	159
エミュー	**15**、139
エリグロアジサシ	103
エリマキライチョウ	17

オ

オウギワシ	77
オウゴンニワシドリ	142

193

名前	ページ
オウサマペンギン	37
オウチュウ	145
オオアカゲラ	137
オオアナツバメ	125
オオウミガラス	191
オオオビハシカイツブリ	191
オオカラモズ	144
オオクイナ	85
オオグンカンドリ	65
オオサイチョウ	133
オオジシギ	97
オオジュリン	185
オーストラリアガマグチヨタカ	123
オーストンウミツバメ	45
オオセグロカモメ	105
オオセッカ	163
オオソリハシシギ	81、95
オオタカ	39、**70**、100、176
オオニワシドリ	142
オオハクチョウ	**26**、109
オオハチドリ	124
オオハナインコ	113
オオハム	35
オオバン	85
オオヒシクイ	25
オオブッポウソウ	126
オオフラミンゴ	48
オオフルマカモメ	164
オオマダラキーウィ	**14**、39
オオミズナギドリ	43
オオミチバシリ	117
オオモズ	144
オオヨシキリ	160
オオヨシゴイ	54
オオルリ	174
オオワシ	**74**、109
オガサワラガビチョウ	190
オガサワラマシコ	190
オカヨシガモ	29
オグロシギ	80、**95**、109
オシドリ	**30**、101
オジロワシ	75
オナガ	149
オナガガモ	29
オナガサイホウチョウ	162
オナガフクロウ	120
オナガミズナギドリ	43
オナガラケットハチドリ	124
オニオオハシ	135

カ

名前	ページ
カイツブリ	47
カオグロウロコハタオリ	178
カオジロゴジュウカラ	169
カグー	**83**、150
カケス	148
カササギ	149
カザリキヌバネドリ	126
カシラダカ	186
カタカケフウチョウ	152
カツオドリ	64
カッコウ	117
カッショクペリカン	61
ガビチョウ	**163**、189
カモメ	75、**104**
カヤクグリ	179
カラカラ	79
カラスバト	111
ガラパゴスコバネウ	67
ガラパゴスペンギン	37
カラフトフクロウ	120
カリガネ	25
カリフォルニアコンドル	39、**69**
カリフォルニアスズメフクロウ	164
カルガモ	**29**、101
カレドニアガラス	148
カロライナインコ	190
カワアイサ	33
カワウ	67
カワガラス	179
カワセミ	**130**、138
カワラバト	23、101、**112**
カワラヒワ	183
カンザシフウチョウ	153
カンムリウミスズメ	106
カンムリカイツブリ	**46**、151
カンムリシギダチョウ	12
カンムリワシ	74

キ

名前	ページ
キアシシギ	94
キアシセグロカモメ	146
キーウィ	14
キガシラマイコドリ	141
キガタヒメマイコドリ	141
キクイタダキ	164、**166**
キジ	19
キジバト	111
キセキレイ	181
キバシリ	169
キビタキ	81、**175**
キュウカンチョウ	169
キョウジョシギ	92
キレンジャク	**153**、165
キンクロハジロ	30、**31**
ギンザンマシコ	184
キンバト	112
キンメフクロウ	39、**119**

ク

グアムクイナ	192
クサシギ	**94**
クサムラツカツクリ	**20**
クセニシビス	109
クマゲラ	137
クマタカ	**75**
クラハシコウ	51
クリムネサケイ	110
クロアシアホウドリ	**41**
クロアジサシ	103
クロウミツバメ	**44**
クロエリハクチョウ	**27**
クロガモ	**32**
クロコサギ	**56**
クロサギ	**57**
クロジ	**187**
クロツグミ	170
クロツラヘラサギ	**52**
クロヅル	38、**87**
クロハサミアジサシ	103
クロライチョウ	**17**

ケ

ケイマフリ	**107**
ケリ	**91**

コ

コアカゲラ	137
コアジサシ	103
コアシナガウミツバメ	**45**
コアホウドリ	**41**、151
コイカル	**183**
ゴイサギ	**55**
コウテイペンギン	**36**
コウノトリ	51
コウライアイサ	**33**
コウライキジ	**19**、70、151、188
コウロコフウチョウ	152
コーカサスイワヒバリ	179
コガタペンギン	**37**
コガネハタオリ	178
コガモ	**29**
コガラ	**155**
コクガン	**25**
コクチョウ	**27**
コクホウジャク	178
コクマルガラス	146
コゲラ	**136**
コサギ	**57**、127
コサメビタキ	174
コシアカツバメ	157
コシアカミドリチュウハシ	135
コシジロウミツバメ	**45**
ゴジュウカラ	169
コジュケイ	**19**、188
コジュリン	185
コチドリ	**90**、150
コチョウゲンボウ	**79**
コトドリ	140
コハクチョウ	**27**、101
コフウチョウ	152
コブハクチョウ	**27**、150、188
コフラミンゴ	**48**、164
コマドリ	172
コミミズク	119
コムクドリ	168
コヨシキリ	160
コリンウズラ	189
コルリ	172
コンゴウインコ	38、**113**
コンドル	**69**

サ

サカツラガン	**25**
サケイ	110
ササゴイ	**55**
サシバ	**71**
サバクシマセゲラ	137
サボテンミソサザイ	167
サメビタキ	175
サンカノゴイ	**54**
サンコウチョウ	145
サンショウクイ	143
サンショクウミクシ	51
サンショクキムネオオハシ	134

シ

シジュウカラ	81、138、**155**
シジュウカラガン（カナダガン）	**25**、188
シチメンチョウ	**21**
シノリガモ	**32**
シマアオジ	187
シマセンニュウ	163
シマフクロウ	**120**
シメ	184
シャカイハタオリ	177
ジャノメドリ	**83**
ジュウイチ	116
シュバシコウ	**50**
シュモクドリ	**58**
ショウジョウトキ	**53**
ショウドウツバメ	156
ジョウビタキ	173
シラオネッタイチョウ	**49**
シラコバト	111
シロエリオオハム	**35**

シロエリハゲワシ	76
シロガシラ	158
シロガシラネズミドリ	126
シロカツオドリ	64
シロクロマイコドリ	141
シロチドリ	91
シロハラ	171
シロハラクイナ	85
シロハラシギダチョウ	12
シロハラトウゾクカモメ	108
シロハラミズナギドリ	43
シロビタイハチクイ	128
シロフクロウ	39、118

ス

ズアオバンケン	117
ズアカアオバト	112
ズキンガラス	146
ズグロムナジロヒメウ	67
ズグロモリモズ	109、145
スズガモ	31
スズメ	22、23、151、176
スネアーズペンギン	37
スペインスズメ	177

セ

セアオマイコドリ	141
セイタカシギ	99
セイロンヤケイ	19
セキセイインコ	113
セグロアジサシ	102
セグロカモメ	105
セグロセキレイ	181
セグロミズナギドリ	42
セッカ	162
セレベスツカツクリ	21
センダイムシクイ	161

ソ

ソウゲンライチョウ	16
ソウシチョウ	163、189
ソリハシシギ	95
ソリハシセイタカシギ	62、99

タ

ダイサギ	57
ダイシャクシギ	96
ダイゼン	90
タカネシギダチョウ	12
タカヘ	192
タゲリ	91
タシギ	97

ダチョウ	13、138、139、151
タヒバリ	181
タマシギ	98
タンシキバシリ	169
タンチョウ	86

チ

チゴハヤブサ	79
チゴモズ	144
チャイロオオトウゾクカモメ	108
チャイロニワシドリ	142
チャミミチュウハシ	135
チュウサギ	57
チュウシャクシギ	96
チュウヒ	72
チュウヒダカ	73
チョウゲンボウ	79、100、127

ツ

ツクシガモ	30
ツグミ	171
ツツドリ	117
ツバメ	8、127、156
ツバメチドリ	99
ツミ	72
ツメナガセキレイ	180
ツメバケイ	115
ツリスガラ	155
ツルクイナ	85
ツルシギ	94

ト

トウゾクカモメ	108
トウネン	92
トキ	53
トビ	23、71
トモエガモ	29
トラツグミ	170
トラフズク	119、150
ドングリキツツキ	136

ナ

ナキハクチョウ	27
ナベコウ	51
ナベヅル	87
ナンベイレンカク	89

ニ

ニシイワトビペンギン	36
ニシキバナアホウドリ	41
ニュウナイスズメ	177

ニワトリ……109、138

ノ

ノグチゲラ……137
ノゴマ……172
ノジコ……185
ノスリ……72
ノドアカハチドリ……101
ノドグロサケイ……110
ノドグロミツオシエ……135
ノバリケン……30
ノビタキ……173

ハ

ハイイロタチヨタカ……122
ハイイロチュウヒ……72
ハイタカ……71
ハギマシコ……184
ハクガン……**25**、63、100
ハクセキレイ……62、127、**181**
ハクトウワシ……76
ハシグロアビ……34
ハシジロキツツキ……192
ハシナガオオハシモズ……143
ハシビロガモ……30
ハシビロコウ……59
ハシブトガラ……155
ハシブトガラス……101、**147**
ハシボソガラス……139、**146**、149
ハシボソミズナギドリ……**43**、63
ハシマガリチドリ……91
ハジロカイツブリ……47
ハチクイ……128
ハチクマ……**72**、80
ハバシニワシドリ……142
ハマシギ……93
ハヤブサ……9、62、**78**
ハリオアマツバメ……125
ハリオマイコドリ……141
バン……85

ヒ

ヒガラ……155
ヒクイドリ……15
ヒクイナ……85
ヒゲワシ……77
ヒシクイ……25
ヒドリガモ……29
ヒバリ……157
ヒメウ……67
ヒメクイナ……84
ヒメハチクイ……128

ヒヨクドリ……153
ヒヨドリ……158
ヒレンジャク……153
ビンズイ……181

フ

プアーウィルヨタカ……122
フィッシャーエボシドリ……115
フクロウ……100、**118**
フクロウオウム……114
ブッポウソウ……129
フルマカモメ……43
ブロンズトキ……53
フンボルトペンギン……37

ヘ

ベニアジサシ……103
ベニヒワ……183
ヘビクイワシ……68
ヘラサギ……53
ヘラシギ……93
ヘルメットオオハシモズ……143

ホ

ホウロクシギ……96
ホオアカ……186
ホオグロスズメ……177
ホオジロ……186
ホオジロガモ……**32**、151
ホオダレムクドリ……192
ホシガラス……149
ホシハジロ……31
ホシムクドリ……62、**168**
ホトトギス……117
ホンセイインコ……**113**、189

マ

マガモ……**28**、30
マガン……**24**、81
マダラウミスズメ……107
マナヅル……87
マヒワ……183
マミジロ……170
マメハチドリ……124
マユグロアホウドリ……**40**、138
マレーミツユビコゲラ……137

ミ

ミコアイサ……33
ミサゴ……69
ミゾゴイ……55

ミソサザイ	167
ミツユビカモメ	105
ミナミジサイチョウ	132
ミナミベニハチクイ	128
ミフウズラ	88
ミミカイツブリ	47
ミヤコドリ	88
ミヤマオウム	9、114
ミヤマガラス	147
ミヤマホオジロ	186
ミユビゲラ	137
ミユビシギ	93

ム

ムクドリ	168
ムジハイイロエボシドリ	115
ムナグロ	90、139、150
ムナジロカワガラス	179
ムラサキサギ	57
ムラサキフタオハチドリ	125

メ

メグロ	167
メジロ	167、189
メスアカクイナモドキ	82
メダイチドリ	91
メボソムシクイ	161
メンガタハタオリ	178
メンフクロウ	121

モ

モズ	144
モモアカヒメハヤブサ	79
モモイロペリカン	60、63

ヤ

ヤイロチョウ	140
ヤシオウム	114
ヤツガシラ	22、132
ヤブサメ	158
ヤブツカツクリ	20
ヤマガラ	154
ヤマゲラ	136
ヤマシギ	39、97
ヤマショウビン	131
ヤマセミ	131
ヤマドリ	19
ヤリハシハチドリ	124
ヤンバルクイナ	84

ユ

ユリカモメ	104

ヨ

ヨーロッパアマツバメ	8
ヨーロッパカヤクグリ	179
ヨーロッパハチクイ	109、128
ヨシガモ	29
ヨシゴイ	54
ヨタカ	122

ラ

ライチョウ	17
ラケットヨタカ	122

リ

リュウキュウコノハズク	120
リュウキュウツバメ	156
リュウキュウヨシゴイ	55
リョコウバト	191

ル

ルビーキクイタダキ	166
ルリカケス	148
ルリビタキ	173

レ

レア	14
レユニオンドードー	190
レンカク	89

ワ

ワタリアホウドリ	41
ワライカモメ	104
ワライカワセミ	131

読者モニター

図鑑MOVEを企画するにあたって、読者のみなさんにモニターになっていただき、ご意見やアイデアをいただきました。
以下、ご協力いただいた、700名のモニターのみなさんです。

相磯知花／青井悠河／青木春薫／青木蘭／青見夢乃／秋月麻衣／秋野真也／秋葉明香里／秋葉桃華／秋元優果／淺尾理沙子／芦野陽子／安達友子／安達万起／足立美緒／厚川結希／阿部あかね／安部来实／安部京／阿部聡実／阿部美樹／阿部桃子／新井希世可／新井紫帆／荒井菜々／新井円香／荒木梨沙／按田璃子／安藤碧海／安藤沙耶佳／安藤瞳／安藤実希／安藤梨々花／安念玉希／飯島花朵／飯田俊太郎／飯山陽輝／五十嵐有春／猪狩明結菜／池田奈穂／池田晴奈／池田まゆか／池田祐理子／池田れん／池永萌々花／池宮智恵／池本依里香／池山美晴／伊﨑朱音／井澤由衣／石井二葉／石井ゆりね／石井凛音／石川葉子／石崎弥夏／石田清葵／石橋英里／井関雄大／磯尾好花／磯崎佳乃／井田明日香／井谷菜穂／市川桜／一瀬杏菜／伊藤彩音／伊藤沙莉那／伊藤侑花／伊藤ゆりか／稲熊彩花／稲澤杏／稲田有華／稲村文香／井上穂花／井上紗希／井上満里奈／井上由梨／猪爪廊／井原萌／今井あづみ／今福史智／今村優香／今吉灯／井村萌／岩井秋子／岩佐美紀／岩崎加歩／岩﨑由花／岩﨑千奈／岩野朱莉／岩本晴道／植田紗貴／植竹可南子／上野彰子／上野稀々／上野結花／上野りほ子／上廣悠美子／上村理恵／牛久貴絵／臼井満里奈／内田優那／内山萌乃／宇都沙弥香／浦野美羽／浦山紗矢香／裏山雅／江嵜なお／江原千咲／蝦名風香／遠藤嘉恵／大内亮／大木清花／大北美知瑠／大口由由／大熊悦子／大里翼／大城愛／大代愛果／太田沙綾／太田朋／大平葵／大野尊／大橋優／大本優香／大山夏奈／岡崎恵／尾形羽菜／岡田有未／岡村希希／岡本視由紀／岡本梨沙／岡本怜於奈／岡山奈央／小川佳織／小川真季／沖島伶奈／奥尾実咲／奥田愛理／奥谷香乃／奥中咲香／奥野葵／奥野郁子／奥原奈菜／尾崎匠之輔／小澤陽香／鷲島晶／越智友佳／小沼鮎和／小野みさき／小野木遥香／小山福久音／陰地裕介／海川寧音／柿崎美羽／柿沼亜里沙／角田沙姫／数井千晴／數井雅士／春日陽斗／片岡葵／片岡十萌／片岡夏希／片山葵／片山季咲／香月章太郎／勝田星来／勝野陽太郎／加藤紗依／加藤慎太郎／加藤真由／加藤みいさ／加藤美瑛／加藤美咲／加藤結衣／加藤蘭／角岡玲香／要佑海／金子茜／金子晴香／金子友貴美／金田久海／金田黎／叶晴夏／鹿子木渚／鎌田郁野／上村明日香／上村遼香／上辻菜々瀬／萱場理恵／川上莉果／川口瞳／河下未歩／川端那月／川畑萌／神田早紀／木内彩音／菊田万夏／菊地亜美／菊地菜央／菊池菜生子／木佐木梓沙／木佐貫祐香／木田さくら／北穂乃佳／北田紀子／北野こゆき／北野桃栄／北村直也／北山真梨／鬼頭里歩／木村舞香／木本舞／鬼山藍名／京屋杏奈／清野めぐみ／清本麻緒／久下萌美／草野侑嗣／工道あつみ／工藤ももか／久保木佑莉／窪田禎之／久間双葉／熊谷はるか／熊谷歩乃佳／熊倉羽惟／雲見梨乃／栗原真悠／黒澤佑太／桑形かすみ／桑田千聡／桑野海／郡司祥／小金丸恵夢／粉川美紅／小木和香／小島紗季／小島渚乃／小嶋真侑／小島毬／小島弥女／小菅紗良／小舘天音／後藤佐都／小林杏／小林香乃／小林知聖／小林由佳／小原風花／駒林奈緒／小向杏奈／古村佳鈴／小柳美弥／小柳悠希／小山樹／近藤あかり／近藤成菜／近藤友香／近藤由起／近内優花／齋藤瑛美／坂井陽／酒井香織／酒居香奈／境美伶奈／坂上真菜／坂口愛実／坂本真歩／坂元瑠衣／佐久間美智香／佐光珠美／笹尾朱央／佐々木明穂／佐々木弥由／佐々木美恵／捧情美／笹原亜珠美／貞國有香／佐竹まや／佐藤彩加／佐藤清加／佐藤詩絨／佐藤友香／佐藤奈央／佐藤華子／佐藤雅歩／佐藤実夏／佐藤美夏子／佐藤桃花／佐藤麗奈／佐野歩美／佐野柊／佐野美咲／佐藤遥平／佐俣夏紀／澤勇輝／澤口小夏／澤田翼／澤田優生子／志賀谷春果／執行菜々子／四家千晴／重松菜奈／品川らん／篠田南海／篠原章江／篠原みのり／柴田あさみ／嶋田汐華／島津燎／嶋中彩乃／首藤彩子／白井美優／白井葉／白崎愛純／白崎あやめ／白鳥空／城間陽賀／陣川桃乃／菅優生奈／菅原千聖／杉澤香織／杉山里美／杉山紗彩／杉山莉菜／鈴木海／鈴木咲那／鈴木夏美／鈴木仁那／鈴木晴菜／鈴木美佳／鈴木萌／鈴木桃衣／鈴木涼士／須田麻美／須田真理／砂山佳音／瀬川佳陽子／関晴香／関田桃子／瀬下奈々実／添田奈々／曽我辺直人／染谷美紗貴／平良佳南子／髙市帆乃香／髙尾芽生／高城亜也那／高木咲良／高木陽菜／髙木佑太郎／髙島里菜／高須ふゆ子／高瀬水緒／高田住希／髙田沙也加／高田祐希／高野真世／高橋飛鳥／高橋希希／高橋美紅／髙橋美帆／高橋咄／高橋澤々子／高橋怜央／高原菜摘／高村萌里／田口美杏／田桑礼子／武居七実／竹田愛／武田佳穂／武田さつき／竹田桃子／竹本日向子／田中亜美／田中瑛祐／田中恵理子／田中萌愛／田中結衣／田中悠里／田中優梨花／棚橋彩／田邊真貴／谷口湧紀／谷定綾花／種彩乃／田之上遥夏／田之上優友／玉置楓／田村夏美／田本怜奈／丹野佑有子／千種あゆ美／知念南菜子／千畑彩音／中馬杏奈／辻真由美／辻中佑歩／土屋芽レ／土屋佳己／角井志帆／角田梨帆／坪田実那美／手島紗央英／寺尾颯人／寺沢尚己／寺田菜穂子／寺本実来／土居海斗／砥石真奈／東海千夏／富樫茉美／徳嵩葵／徳丸華奈／登坂風子／戸田夏海／外岡清香／鳥羽杏優里／富島万由子／富島由佳子／冨田妃南多／富田友美／冨永歩乃楓／友岡英／友尻杏／友田陽七虹／豊岡萌／内藤玲花／中井菜摘／長尾澪／中川晶恵／中川晴晶／中川晴子／中川まりな／中川美沙葵／中窪愛日／中島久美子／中島夏海／中島那々子／中島瑠那／永田みゆき／仲渡千宙／中野歩実／中畑美咲／中林里彩／中原萌絵／永間美咲／永松楽々／中村明日香／中村華子／中村加奈子／中村慶／中村光里／中村真生子／中村美枝子／中村未来／中村翠／長元賢正／中屋敷彩／中山由莉恵／永良みずき／浪岡志帆／成瀬千奈津／難波真優／南部葉月／新島瑠奈／新保理緒絵／二階堂琴花／西岡史晃／西幡安美／西村幸真／西村夏希／新田伊麻里／沼田仁／根岸菜々香／野網風子／野池真帆／野口万紘／野口瑠子／野平耀正／野間共喜／野村舞／萩生田和佳／萩原佑奈／葉柴陵晴／橋本萌実／蓮すみれ／長谷川実咲／長谷部瑞季／畑清美／秦なずな／初田圭一／羽島未奈／花井愛衣／馬場真白／浜高家瑞稀／早川和／林茜里／林なな／林里帆／林真衣／林実玖／林田実紗／早田日向子／羽山美咲／原きく乃／原杏佳／原山涼子／針間あきり／東優衣／東里紗／東口美咲／東野空／彦坂多美／平井万莉／平島翔耶／平島瑳代子／平塚めい／平松怜彩／蛭﨑知美／廣島寿々子／廣瀬笑矢／廣瀬由華／深津真奈／普川優生／福浦桃奈／福田和晃／福田名那／福田光／福田美紀／藤井ちあき／藤澤七望／藤田奈央／藤田真依／藤武尚生／藤塚晴香／藤原彩妃／藤本早苗／渕脇里菜／舟山香織／文元りさ／古川優里菜／古沢安主歌／古澤結茉／古田このみ／古谷彩瑛／古谷夏実／古谷佳維／外園理愛／星野香海／細津真優／本田彩夏／本多美菜／本名眞英子／前田絢音／前田七海／真栄田ひなた／前原澪／増岡優沙／松井杏奈／松尾健大／松川美空／松下杏子／松下真由子／松原希宝／松原奈央／松村春恵／松元綾菜／松本大吾／松本千幸／松山理香／丸山愛海／万戸美輝／見市有利紗／三浦麻乃／三上汐里／三上侑輝／三木花梨／水野千皓／味園史音／三田渚紗／道明優菜／南朝日／南川湖都乃／峰尾仁日夏／宮内ゆき菜／宮城幸代／三宅伊織／三宅葉月／宮崎樹／宮里美咲／宮澤緒巳奈／宮田鈴菜／宮臺和佳菜／宮地直子／宮部真衣／宮本結永／三輪紗弓／三輪航／村井泰子／村岡ななみ／村上ひな／村澤萌々花／連知生／村田京か／邨田圭亮／村田悠華／村林未奈子／村松奈央／村山遥／米良衣莉佳／茂木美結乃／持田里美／望月あゆ子／望月麻衣／元団梨沙／森智加／森野々風／森真由美／森友梨奈／森川真唯／森下翔太／森下悠栗／森田恭太郎／森本瑞季／守屋美槻／森山拓洋／森脇紬緒／矢澤陽佳／安川陽菜／安田夏海／安本伊絵菜／柳川莉沙／柳香穂／矢野祥大／山内波奈／山内眞子／山内美南／山縣愛由／山上祿恵／山川奈々／山口航佑／山佐裕佳／山崎聖乃／山﨑遥／山崎春奈／山崎万理乃／山崎未侑／山城菜海／山田明日香／山田育未／山田純気／山田昂史／山田千聖／山田仁美／山中胡春／山中千絵子／山中美依／山根遊星／山本あき／山本明日美／山本絢音／山本一華／山本絵理／山本果奈／山本直緒／湯浅萌／油布くるみ／油布茉里愛／横沢佑奈／横山友海／吉川さくら／吉際沙織／吉田彩乃／吉田英誉／吉田茉莉／吉成紗百合／吉村唯依／吉村優里／米田早織／米田ちひろ／米田百合香／脇木福／脇阪梨沙／涌谷佳奈／和家桃花／鷲尾郁織／和田知里／渡邉楓／渡邉佳織／渡辺哉子／渡辺周生／渡邊成美／渡辺春菜／渡辺未来／渡辺祐奈／渡沼悠我

【監修】
川上和人（独立行政法人 森林総合研究所 主任研究員）

【執筆】
柴田佳秀

【イラスト】
箕輪義隆：本文
川崎悟司：前見返し

【装丁】
城所 潤＋関口新平（ジュン・キドコロ・デザイン）

【本文デザイン】
原口雅之、天野広和、大場由紀（ダイアートプランニング）

【編集】
オフィス303

【参考文献】
『週刊朝日百科 動物たちの地球』鳥類1・2（朝日新聞社）
『鳥類学』（新樹社）
『鳥類学辞典』（昭和堂）
『日本動物大百科』鳥類1・2（平凡社）
『HANDBOOK OF THE BIRDS OF THE WORLD』Vol.1-15（Lynx Edicions）

【標本】
我孫子市鳥の博物館（P23）

【写真】
特別協力：アマナイメージズ
表紙、後ろ見返し、裏表紙、P1-21、23-99、101-105、107-115、117-128、130-148、150-153、160、162-170、172-173、175、177-192

石田光史：71、90、92、105、144、149、157、161、163、169、171、173、175、181／井上大介：25、32、53、81、111、112、131、155、156、160、165、168、174、175、185／江口欣照：161／オアシス：85、124／大野胖：122／小川雅義：19、136、149、165、170、171、186／川上和人：23、90、100、125／私市一康：45、55、67／佐久間文男：108／佐々木茂：127／柴田佳秀：23、38、57、95、100、112、127、138、146、147／白川浩一：96／高野丈：72、163、172／寺前明人：97／西村美咲：31、140、158／西村光真：173、179／仁平義明：149／野口正裕：72、94、95、112、119、143-145、155、158、161、163、166-168、172、174、181、183-187、189／坂東俊輝：35、111、112／箕輪義隆：100／宮本昌幸：25、43、97、99、103、104、125、153、161、169、170、172、177、179、181、186／山階鳥類研究所：41／渡部良樹：164／Jack Dumbacher：109／Nicholas Longrich：109

講談社の動く図鑑MOVE
鳥 堅牢版

2011年11月10日　初版　第1刷発行
2017年2月8日　堅牢版　第1刷発行
2021年3月18日　堅牢版　第2刷発行

監　修　川上和人
発行者　鈴木章一
発行所　株式会社講談社
　　　　〒112-8001　東京都文京区音羽2-12-21
　　　　電話　編集　03-5395-3542
　　　　　　　販売　03-5395-3625
　　　　　　　業務　03-5395-3615
印　刷　共同印刷株式会社
製　本　大口製本印刷株式会社

©KODANSHA 2017 Printed in Japan
落丁本・乱丁本は購入書店名を明記のうえ、小社業務あてにお送りください。送料小社負担にておとりかえいたします。
なお、この本についてのお問い合わせは、MOVE編集あてにお願いいたします。
定価は、表紙に表示してあります。
本書のコピー、スキャン、デジタル化等の無断複製は著作権法上での例外を除き禁じられています。
本書を代行業者等の第三者に依頼してスキャンやデジタル化することは、たとえ個人や家庭内の利用でも著作権法違反です。

ISBN978-4-06-220411-8　N.D.C.488　199p　27cm

                           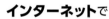       

ハイイロタチヨタカ
昼間は、こわい敵に見つからないように、木のふりをしてじっとしています。ところが夜になると……!?
▶ P.122

木に化けている!?

えっ、結婚してくれるの？バンザーイ!

コウロコフウチョウ
翼を、バンザイのように広げてアピール。なぜこんな行動をするのでしょう？
▶ P.152

鳥のココが

鳥のふしぎな生態を見てみよう!
いったいなにをしているのかな？
それぞれのページを見れば、
ふしぎな行動の意味がわかります。

ドングリのコレクション!

ドングリキツツキ
木にあなをあけて、ドングリを入れてきます。遊んでいるのかな？ ▶ P.136